高等职业教育土木建筑类专业教材
高职高专智慧建造系列教材

建筑工程制图与识图

（含习题集）

主　编　罗碧玉
副主编　王淑红
主　审　薛安顺

北京理工大学出版社
BEIJING INSTITUTE OF TECHNOLOGY PRESS

内 容 提 要

本书按照高职高专院校人才培养目标以及专业教学改革的需要，依据最新标准规范进行编写。全书共分为八个项目，主要内容包括建筑制图基础、投影基本知识及点线面的投影、工程立体的投影、轴测投影、剖面图和断面图、房屋建筑工程图基础知识、建筑施工图、结构施工图等。

本书可作为高职高专院校建筑工程技术等相关专业的教材，也可作为函授和自考辅导用书，还可供建筑工程项目施工现场相关技术和管理人员工作时参考使用。

版权专有　侵权必究

图书在版编目（CIP）数据

建筑工程制图与识图：含习题集 / 罗碧玉主编. —北京：北京理工大学出版社，2018.1
（2020.8重印）
ISBN 978-7-5682-5038-2

Ⅰ.①建…　Ⅱ.①罗…　Ⅲ.①建筑制图—高等学校—教材　Ⅳ.①TU204.2

中国版本图书馆CIP数据核字（2017）第309552号

出版发行 / 北京理工大学出版社有限责任公司
社　　址 / 北京市海淀区中关村南大街5号
邮　　编 / 100081
电　　话 /（010）68914775（总编室）
　　　　　（010）82562903（教材售后服务热线）
　　　　　（010）68948351（其他图书服务热线）
网　　址 / http://www.bitpress.com.cn
经　　销 / 全国各地新华书店
印　　刷 / 天津久佳雅创印刷有限公司
开　　本 / 787毫米×1092毫米　1/16
印　　张 / 22　　　　　　　　　　　　　　　　　　　　　责任编辑 / 李玉昌
字　　数 / 529千字　　　　　　　　　　　　　　　　　　文案编辑 / 李玉昌
版　　次 / 2018年1月第1版　2020年8月第5次印刷　　　　责任校对 / 黄拾三
定　　价 / 54.00元（含习题集）　　　　　　　　　　　　　责任印制 / 边心超

图书出现印装质量问题，请拨打售后服务热线，本社负责调换

高等职业教育土木建筑类专业教材
高职高专智慧建造系列教材
编审委员会

顾　问：胡兴福　全国住房和城乡建设职业教育教学指导委员会秘书长
　　　　　　　　全国高职工程管理类专业指导委员会主任委员
　　　　　　　　享受政府特殊津贴专家，教授、高级工程师

主　任：杨云峰　陕西交通职业技术学院党委书记，教授、正高级工程师

副主任：薛安顺　刘新潮

委　员：
　　　　于军琪　吴　涛　官燕玲　刘军生　来弘鹏
　　　　高俊发　石　坚　黄　华　熊二刚　于　均
　　　　赵晓阳　刘瑞牛　郭红兵

编写组：
　　　　丁　源　罗碧玉　王淑红　吴潮玮　寸江峰
　　　　孟　琳　丰培洁　翁光远　刘　洋　王占锋
　　　　叶　征　郭　琴　丑　洋　陈军川

总序言

高等职业教育以培养生产、建设、管理、服务第一线的高素质技术技能人才为根本任务，在建设人力资源强国和高等教育强国的伟大进程中发挥着不可替代的作用。近年来，我国高职教育蓬勃发展，积极推进校企合作、工学结合人才培养模式改革，办学水平不断提高，为现代化建设培养了一大批高素质技术技能人才，对高等教育大众化作出了重要贡献。要加快高职教育改革和发展的步伐，全面提高人才培养质量，就必须对课程体系建设进行深入探索。在此过程中，教材无疑起着至关重要的基础性作用，高质量的教材是培养高素质技术技能人才的重要保证。

高等职业院校专业综合改革和高职院校"一流专业"培育是教育部、陕西省教育厅为促进高职院校内涵建设、提高人才培养质量、深化教育教学改革、优化专业体系结构、加强师资队伍建设、完善质量保障体系，增强高等职业院校服务区域经济社会发展能力而启动的陕西省高等职业院校专业综合改革试点项目和陕西高职院校"一流专业"培育项目。在此背景下，为了更好的贯彻《国家中长期教育改革和发展规划纲要（2010—2020年）》及《高等职业教育创新发展行动计划（2015—2018年）》相关精神，更好地推动高等职业教育创新发展，自"十三五"以来，陕西交通职业技术学院建筑工程技术专业先后被立项为"陕西省高等职业院校专业综合改革试点项目"、"陕西高职院校'一流专业'培育项目"及"高等职业教育创新发展行动计划（2015—2018年）骨干专业建设项目"，教学成果"契合行业需求，服务智慧建造，建筑工程技术专业人才培养模式创新与实践"荣获"陕西省2015年高等教育教学成果特等奖"。依托以上项目建设，陕西交通职业技术学院组织了一批具有丰富理论知识和实践经验的专家、一线教师，校企合作成立了智慧建造系列教材编审委员会，着手编写了本套重点支持建筑工程专业群的智慧建造系列教材。

本套公开出版的智慧建造系列教材编审委员会对接陕西省建筑产业岗位要求，结合专业实际和课程改革成果，遵循"项目载体、任务驱动"的原则，组织开发了以项目为主体的工学结合教材；在项目选取、内容设计、结构优化、资源建设等方面形成了自己的特色，具体表现在以下方面：一是教材内容的选取凸显了职业性和前沿性特色；二是教材结构的安排凸显了情境化和项目化特色；三是教材实施的设计凸显了实践性和过程性特色；四是教材资源的建设凸显了完备性和交互性特色。总之，智慧建造系列教材的体例结构打破了传统的学科体系,以工作任务为载体进行项目化设计,教学方法融"教、学、做"于一体、实施以真实工作任务为载体的项目化教学方法,突出了以学生自主学习为中心、以问题为导向的理念,考核评价体现过程性考核,充分体现现代高等职业教育特色。因此,本套智慧建造系列教材的出版,既适合高职院校建筑工程类专业教学使用,也可作为成人教育及其他社会人员岗位培训用书,对促进当前我国高职院校开展建筑工程技术"一流专业"建设具有指导借鉴意义。

2017年10月

前　言

本书结合高职教育的教学特点和建筑类相关专业的需求，按照国家颁布的现行标准、规范和规程的要求编写。本书以培养学生的实践技能和职业岗位能力为出发点，其内容结构合理、突出针对性和实用性，符合高职人才培养需求。从内容的编排顺序来看，先学习正投影理论、然后是点线面投影，再是工程立体的投影，循序渐进，由简到繁，最后学习专业图，以此来逐步提高学生空间与平面的转换能力以及制图和识图能力。

本书主要具有以下特点：

1. 遵循"实用为主、够用为度"的原则。在满足本门课程所必须掌握的基本理论、基本知识、基本技能的基础上，有详有略。

2. 注重规范性。本书在编写时力求严谨、规范，采用了《房屋建筑制图统一标准》《总图制图标准》《建筑制图标准》等最新制图标准。

3. 注重动手能力的培养。在绘图技能方面，本书介绍了尺规和徒手绘图的方法，配套有相关训练，有助于学生熟练掌握手工绘制工程图样的方法，为计算机绘图打下基础。

4. 本教材内容具有项目化、任务化的特点。每个项目前都有学习目标，包括知识目标和能力目标，便于学生理清思路和明确目标；每个项目后都有项目小结和思考与练习，便于学生梳理总结和自查。

5. 课内教学与课外训练结合。本书还有配套的《〈建筑工程制图与识图〉习题集》，该习题集紧密结合各个项目、各个任务的内容，所选习题相比教材适当有所拓展，学生可以自主选择练习，以帮助学生巩固所学知识和提高自身制图和识图能力。

6. 教材内容具有先进性、合理性及概括性的特点，紧密联系工程实际。

本书建议学时为70～80学时。

本书由陕西交通职业技术学院罗碧玉担任主编，由陕西交通职业技术学院王淑红担任副主编。具体编写分工为：项目一、二、三、四、六、七由罗碧玉编写，项目五和项目八由王淑红编写。全书由陕西交通职业技术学院薛安顺主审。

本书在编写过程中，引用和参考了很多专业文献与图书资料，还得到了一些企业同行的帮助和中肯的建议，在此一并向这些图书的作者和同行表示由衷的感谢。

由于编者水平有限，书中难免存在不妥之处，敬请批评指正。

编　者

目 录

项目一 建筑制图基础 ············· 1

任务一 制图工具及使用方法 ······· 1
一、铅笔 ························· 1
二、图板、丁字尺和三角板 ······· 1
三、比例尺 ······················· 2
四、圆规和分规 ··················· 3
五、擦线板 ······················· 3
六、曲线板 ······················· 3
七、建筑模板 ····················· 4

任务二 制图基本规定 ············· 5
一、图纸幅面和格式 ··············· 5
二、图纸标题栏 ··················· 7
三、字体 ························· 7
四、比例 ························· 8
五、图线 ························· 9
六、尺寸注法 ····················· 11

任务三 尺规作图的一般方法 ······ 14

任务四 徒手画图 ················· 15
一、草图绘制要求 ················· 15
二、各种线型的徒手画法 ··········· 16

项目小结 ·························· 18
思考与练习 ························ 18

项目二 投影基本知识及点线面的投影 ············· 19

任务一 投影基本知识 ············· 19
一、投影的形成 ··················· 20
二、投影的分类 ··················· 20
三、投影图的分类 ················· 21

任务二 三面投影 ················· 22
一、正投影的投影特性 ············· 22
二、三面正投影图 ················· 23

任务三 点的投影 ················· 25
一、点的投影含义 ················· 25
二、点的三面投影 ················· 26
三、两点的相对位置和重影点 ······· 28

任务四 直线的投影 ··············· 31
一、投影面的垂直线 ··············· 31
二、投影面的平行线 ··············· 33
三、投影面的一般位置直线 ········· 34
四、直线上的点 ··················· 38
五、两直线的相对位置 ············· 40
六、直角投影定理 ················· 44

任务五 平面的投影 ··············· 47
一、平面的表示法 ················· 47
二、投影面的平行面 ··············· 49
三、投影面的垂直面 ··············· 50
四、投影面的一般位置平面 ········· 51

项目小结 ·························· 57
思考与练习 ························ 58

项目三 工程立体的投影 ············· 59

任务一 平面立体的投影 ··········· 59

一、棱柱的投影及应用 …………… 59
　　二、棱锥的投影及应用 …………… 61
　　三、棱台的投影 …………………… 62
任务二　曲面立体的投影 …………… 64
　　一、圆柱体的投影及应用 ………… 64
　　二、圆锥体的投影及应用 ………… 65
　　三、圆球体的投影及应用 ………… 67
任务三　立体的截断与相贯 ………… 70
　　一、立体的截断 …………………… 71
　　二、立体的相贯 …………………… 74
任务四　组合体的投影 ……………… 77
　　一、组合体的构成方式 …………… 78
　　二、组合体投影图的绘制 ………… 79
项目小结 ………………………………… 85
思考与练习 ……………………………… 86

项目四　轴测投影 ……………………… 87

任务一　轴测投影的一般概念 ……… 87
　　一、轴测投影的形成与作用 ……… 87
　　二、轴测图的分类 ………………… 87
　　三、轴测图的要素及投影特性 …… 88
任务二　正等轴测图 ………………… 90
　　一、正等测的轴间角和轴向变形
　　　　系数 ……………………………… 90
　　二、正等轴测投影图的画法 ……… 91
　　三、平行于坐标面的圆的正等轴测
　　　　投影 ……………………………… 93
　　四、圆角的正等轴测投影 ………… 95
任务三　斜轴测图 …………………… 96
　　一、斜轴测投影的轴间角和轴向变形
　　　　系数 ……………………………… 97
　　二、斜轴测投影图的画法 ………… 97
任务四　轴测投影的选择 …………… 100
项目小结 ………………………………… 100
思考与练习 ……………………………… 100

项目五　剖面图和断面图 …………… 101

任务一　剖面图 ……………………… 101
　　一、剖面图的形成 ………………… 101
　　二、剖面图的标注 ………………… 101
　　三、剖面图的分类 ………………… 103
任务二　断面图 ……………………… 108
　　一、断面图的形成 ………………… 108
　　二、断面图的分类 ………………… 108
任务三　图样的简化画法 …………… 112
　　一、对称形体的简化画法 ………… 112
　　二、相同要素的简化画法 ………… 112
　　三、折断的简化画法 ……………… 113
　　四、工程构件局部不同的简化画法 … 113
项目小结 ………………………………… 113
思考与练习 ……………………………… 114

项目六　房屋建筑工程图基础
　　　　　知识 …………………………… 115

任务一　房屋的组成及其作用 ……… 115
　　一、房屋的分类 …………………… 115
　　二、房屋的组成及作用 …………… 115
任务二　建筑工程图的产生及其分类 … 117
　　一、建筑工程图的产生 …………… 117
　　二、建筑工程图的分类和编排顺序 … 117
任务三　房屋建筑制图与识图方法 … 118
　　一、房屋建筑制图标准的相关规定 … 118
　　二、识读建筑工程图的一般方法 … 128
项目小结 ………………………………… 129
思考与练习 ……………………………… 129

项目七　建筑施工图 …………………… 130

任务一　图纸目录、设计总说明 …… 130
　　一、图纸目录 ……………………… 130
　　二、设计总说明 …………………… 130

三、工程做法表 ………………… 135
　　四、门窗表 …………………… 136
任务二　建筑总平面图 ……………… 137
　　一、建筑总平面图基本内容 ……… 137
　　二、建筑总平面图绘制要求 ……… 138
　　三、建筑总平面图常用图例 ……… 139
任务三　建筑平面图 ………………… 140
　　一、建筑平面图基本内容 ………… 143
　　二、建筑平面图绘制要求 ………… 143
任务四　建筑立面图 ………………… 145
　　一、建筑立面图基本内容 ………… 145
　　二、建筑立面图绘制要求 ………… 145
任务五　建筑剖面图 ………………… 147
　　一、建筑剖面图基本内容 ………… 149
　　二、建筑剖面图绘制要求 ………… 149
任务六　建筑详图 …………………… 150
　　一、建筑详图基本内容 …………… 150
　　二、外墙身剖面、楼梯、门窗详图 … 152
项目小结 ……………………………… 159
思考与练习 …………………………… 160

项目八　结构施工图 ………………… 161
　　任务一　结构施工图概述 ………… 161
　　　　一、结构构件的配筋表达 …… 161
　　　　二、建筑结构制图的有关标准规定 … 162
　　任务二　图纸目录和结构设计总说明 … 166
　　　　一、图纸目录 ………………… 166
　　　　二、结构设计总说明 ………… 166
　　任务三　建筑结构基础施工图 …… 170
　　　　一、独立基础 ………………… 170
　　　　二、条形基础 ………………… 173
　　　　三、桩基础 …………………… 177
　　任务四　混凝土结构施工图平面整体
　　　　　　表示方法 ………………… 179
　　　　一、柱平面整体表示法 ……… 179
　　　　二、梁平面整体表示法 ……… 183
　　项目小结 …………………………… 188
　　思考与练习 ………………………… 188

参考文献 ………………………… 190

项目一 建筑制图基础

知识目标

通过本项目的学习，了解各种制图仪器和工具的性能；掌握常用制图工具的正确使用方法，熟悉《房屋建筑制图统一标准》(GB/T 50001—2010)的基本规定，知道一般工程的绘制方法和步骤。

能力目标

能够遵守制图规定，做到作图准确、图线分明、字体工整、整洁美观，养成良好的作图习惯。

任务一 制图工具及使用方法

任务描述

学习制图，只有了解各种制图仪器和工具的性能，并熟练掌握正确使用它们的方法，才能保证绘图质量，加快绘图速度。本任务要求学生掌握建筑制图常用的制图工具的使用方法，并完成以下问题：

(1)请使用一副三角板与丁字尺配合，绘制出与水平线分别成15°、30°、45°、60°、75°的斜线。

(2)试用分规将一条线段 AB 进行三等分。

相关知识

尺规绘图是通过制图工具来进行的。常用的制图工具有铅笔、图板、丁字尺、三角板等，绘图仪器有圆规、分规、墨线笔和绘图墨水笔等。

一、铅笔

绘图时用的铅笔，其铅芯硬度用 B、HB、H 表示。H 表示硬芯铅笔，用于画底稿；B 表示软芯铅笔，用于加深图线；HB 表示中等软硬铅笔，用于注写文字及加深图线等。

二、图板、丁字尺和三角板

图板是用来安放图纸及配合丁字尺、三角板等进行作图的工具。图板常用胶合板制成，四边镶硬木条。板面必须松软、光滑平整、有弹性，两端要平整，角边需垂直。图板有0号、1号、2号等大小不同的规格，常根据图幅大小而定。

丁字尺由相互垂直的尺身和尺头组成。使用时，尺头紧靠图板左侧的导边，上下移动，自左向右画一系列横线，并可和三角板配合画竖线和斜线。注意不能用尺身下边画线，也不能调头靠在图板的其他边沿上使用，如图1-1所示。

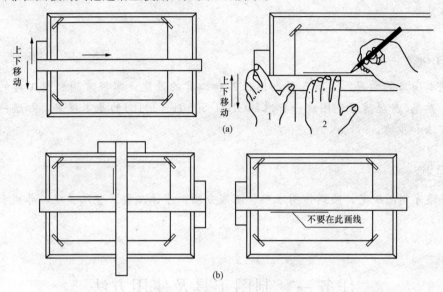

图1-1　图板与丁字尺的用法
(a)正确用法；(b)错误用法

三角板与丁字尺配合既可自下而上画出铅垂线，或是自左向右画出与水平线成30°、45°、60°、75°及15°的斜线，也可画出任意直线的平行线和垂直线，如图1-2所示。

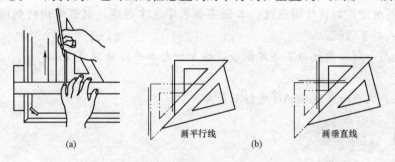

图1-2　三角板的用法
(a)三角板与丁字尺配合画铅垂线；(b)画任意直线的平行线和垂直线

三、比例尺

建筑物形体的大小远远大于图纸上所画的建筑物图形。在图样中，图形与实物相应的线性尺寸之比，称为比例。刻有不同比例的直尺称为比例尺。常用的比例尺有两种：一种为上有六种不同比例的三棱比例尺[图1-3(a)]；另一种为上有三种不同比例的比例直尺[图1-3(b)]。比例尺的比例有百分比例和千分比例两种。比例尺上刻度所注数字的单位为米(m)。

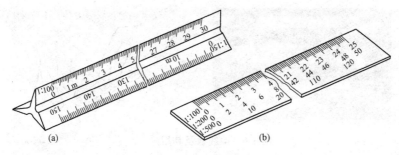

图 1-3　常用的比例尺

(a)三棱比例尺；(b)比例直尺

【小提示】　比例尺的材料一般为木料或塑料，因此不能将比例尺作为直尺使用。

四、圆规和分规

圆规是指用来画圆和圆弧的仪器。圆规的用法如图 1-4 所示：先把圆规两脚分开，使铅芯与针尖的距离等于所画圆弧半径，再用左手食指来帮助扎准圆心，从圆的中心线开始，顺时针方向转动圆规。转动时，圆规往前进方向稍微倾斜，整个圆弧应一次作完。画较大的圆弧时，应使圆规两脚与纸面垂直，画更大的圆弧时要接上延长杆。

分规的形状与圆规相似，只是两腿均装有尖锥状钢针，既可用它量取线段的长度，也可用它等分直线段或圆弧，如图 1-5 所示。

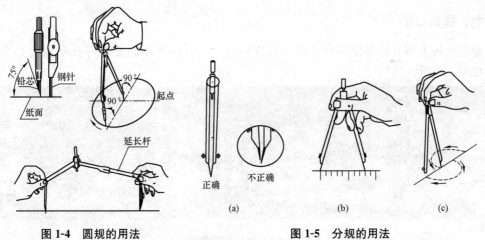

图 1-4　圆规的用法　　　　　**图 1-5　分规的用法**

(a)使用方法；(b)量取长度；(c)等分线段

五、擦线板

擦线板是指用来擦去画错的图线并保护邻近的图线不被误擦的工具。使用时，选择适当形状的挖孔框住需擦去的线条，左手压紧擦线板，再用橡皮擦去框住的线条，如图 1-6 所示。

六、曲线板

曲线板是指用来画非圆曲线的工具，各点曲率大小不同。在使用曲线板之前，必须先

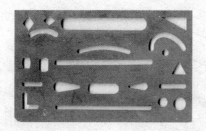 

图 1-6　擦线板及其用法

确定曲线上的若干控制点，再分段画出，每次至少应有三点与曲线板相吻合，并应留出一小段，作为下次连接其相邻部分之用，以保持线段的顺滑，如图 1-7 所示。

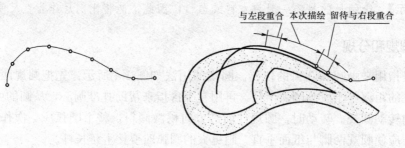

图 1-7　曲线板的用法

七、建筑模板

建筑模板上刻有许多建筑标准图例和常用符号的孔，使用时要选好孔型和位置用笔描出，如图 1-8 所示。

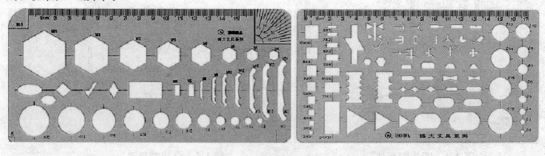

图 1-8　建筑模板举例

任务实施

（1）使用一副三角板与丁字尺配合绘制与水平线分别成 15°、30°、45°、60°、75°斜线的方法，如图 1-9 所示。

（2）如图 1-10 所示，首先，将分规的两脚分开，针尖的距离约为 1/3AB 的长度；然后，将线段 AB 试分成三份。现在假设最后分到 C 点，还差 BC 一小段没有分完。此时，可大致将 BC 再等分三份，使原来分规针尖距离增加 1/3BC，再继续试分。如仍有差额（也可能超出 AB 线外），则依上再作调整（或加或减），直至恰好等分为止。

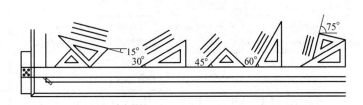
图1-9 与水平线成15°、30°、45°、60°、75°斜线的画法

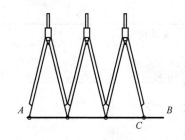
图1-10 分规等分线段

任务二 制图基本规定

任务描述

工程图样是工程界的技术语言,是表达建筑工程设计的重要技术资料,是施工的依据。为了使建筑工程图能够统一、清晰明了,提高制图质量,使之便于识读和技术交流,满足设计和施工的要求,对于图样的画法,图线的线型、线宽,图上尺寸的标注,图例以及字体等,都必须有统一的规定,这个统一的规定就是国家制图标准。国家有关部门制定出《房屋建筑制图统一标准》(GB/T 50001—2010)、《总图制图标准》(GB/T 50103—2010)、《建筑制图标准》(GB/T 50104—2010)、《建筑结构制图标准》(GB/T 50105—2010)、《水电水利工程基础制图标准》(DL/T 5347—2006)、《水电水利工程水工建筑制图标准》(DL/T 5348—2006)等制图标准。这些制图的国家标准(简称国标)是所有工程技术人员在设计、施工、管理中必须严格执行的条例,任何一个学习和从事工程制图的人都应该严格遵守。本任务要求学生对这些制图标准有基本的认识,在绘图中能够严格遵守这些规定。

相关知识

一、图纸幅面和格式

图幅是指图纸的大小规格。为了合理使用图纸和便于管理装订,所有图纸幅面,必须符合《房屋建筑制图统一标准》(GB/T 50001—2010)规定,图幅及图框尺寸见表1-1。必要时可加长幅面,图纸短边尺寸不应加长,A0~A3幅面长边尺寸可加长,图幅加长尺寸见表1-2。

表1-1 图幅及图框尺寸　　　　　　　　　　　　　　　　mm

幅面代号	图纸幅面				
	A0	A1	A2	A3	A4
$b×l$	841×1 189	594×841	420×594	297×420	210×297
c	10			5	
a	25				

表 1-2　图幅加长尺寸　　　　　　　　　　　　　　　　　　　　　　　　　　　mm

幅面代号	长边尺寸	长边加长后的尺寸
A0	1 189	1 486(A0+l/4)　1 635(A0+3l/8)　1 783(A0+l/2) 1 932(A0+5l/8)　2 080(A0+3l/4)　2 230(A0+7l/8)　2 378(A0+l)
A1	841	1 051(A1+l/4)　1 261(A1+l/2)　1 471(A1+3l/4) 1 682(A1+l)　1 892(A1+5l/4)　2 102(A1+3l/2)
A2	594	743(A2+l/4)　891(A2+l/2)　1 041(A2+3l/4) 1 189(A2+l)　1 338(A2+5l/4)　1 486(A2+3l/2) 1 635(A2+7l/4)　1 783(A2+2l)　1 932(A2+9l/4)　2 080(A2+5l/2)
A3	420	630(A3+l/2)　841(A3+l)　1 051(A3+3l/2) 1 261(A3+2l)　1 471(A3+5l/2)　1 682(A3+3l)　1 892(A3+7l/2)

注：有特殊需要的图纸可采用 $b \times l$ 为 841 mm×891 mm 与 1 189 mm×1 261 mm 的幅面。

图 1-11 中 $b \times l$ 为图纸的短边乘以长边，a、c 为图框线到幅面线之间的宽度。图纸幅面尺寸相当于 $\sqrt{2}$ 系列，即 $l=\sqrt{2}b$。从表 1-1 中可以看出 A1 号图纸是 A0 号图纸的对折，A2 号图纸是 A1 号图纸的对折，其他依此类推。图纸可分为横式和立式两种，一般 A0～A3 图纸宜用横式。图纸中的图框线应用粗实线画出。图框格式可分为留有装订边和不留装订边两种，但同一套图纸必须采用一种格式。图幅格式如图 1-11 所示。

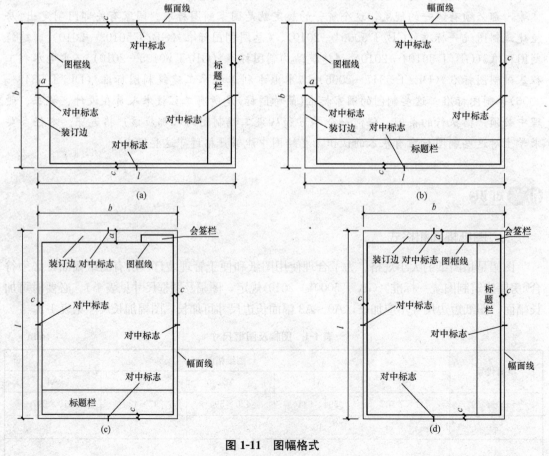

图 1-11　图幅格式

(a)A0～A3 横式幅面一；(b)A0～A3 横式幅面二；(c)A0～A4 立式幅面一；(d)A0～A4 立式幅面二

二、图纸标题栏

工程图纸标题栏如图 1-12 所示。不同行业规定的图纸标题栏格式不同。学校的制图作业一般可采用图 1-13 所示格式。图名用 10 号字,校名用 7 号字,其他用 5 号字。

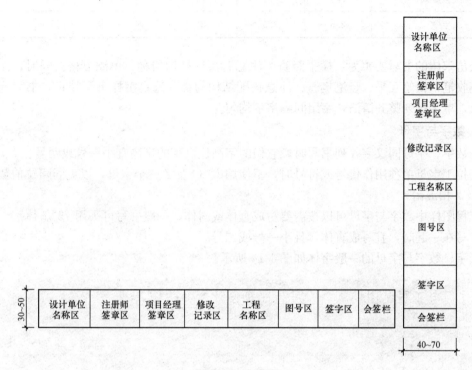

图 1-12　标题栏

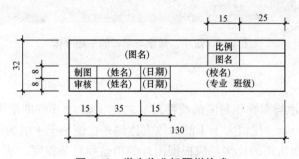

图 1-13　学生作业标题栏格式

三、字体

工程图纸常用文字有汉字、数字和字母,书写时必须做到排列整齐、字体端正、笔画清晰、注意起落。

工程图样中字体的高度即为字号,其系列规定为 3.5 mm、5 mm、7 mm、10 mm、14 mm、20 mm,字体的宽度即为小一号字的高度。字高系列的公比相当于 $1:\sqrt{2}$,即某号字的高度相当于小一号字高的 $\sqrt{2}$ 倍,如 $7 \approx \sqrt{2} \times 5$。

1. 汉字

汉字的字体应为长仿宋体。字高和字宽的关系见表 1-3。

表 1-3 字高和字宽的关系   mm

字号(字高)	3.5	5	7	10	14	20
字宽	2.5	3.5	5	7	10	14

长仿宋体的书写要领为：横平竖直、注意起落、结构匀称、填满方格。同时，注意起笔运笔收笔，横笔互平、竖笔挺直；注意搭配结构匀称，选定字样书写端正，书写笔画粗细一致，单字排列整齐清洁，字组间隔字字均匀。

2. 数字与字母

当数字、字母同汉字并列书写时，它们的字高比汉字的字高宜小一号或两号。

当拉丁字母单独用作代号或符号时，不使用 I、O 及 Z 三个字母，以免同阿拉伯数字的 1、0 及 2 相混淆。

工程图样中数字与字母可以按需要写成直体或斜体，一般书写可采用 75°斜体字。数字与汉字写在一起时，宜写成直体，且小一号或二号。

汉字、数字与字母的一般字体如图 1-14 所示。

图 1-14 汉字、数字与字母的一般字体

四、比例

图样的比例为图形与实物相对应的线性尺寸之比。如 1∶100 即指图上的尺寸为 1 mm，而实物的尺寸为 100 mm。比值大于 1 的为放大比例；比值小于 1 的为缩小比例；比值等于 1 的为原值比例。绘图所用的比例，应根据图样的用途和复杂程度，从表 1-4 中选用，并优选常用比例。一般情况下，一个图样应选用一种比例。

表 1-4 绘图所用比例

常用比例	1∶1、1∶2、1∶5、1∶10、1∶20、1∶30、1∶50、1∶100、1∶150、1∶200、1∶500、1∶1 000、1∶2 000
可用比例	1∶3、1∶4、1∶6、1∶15、1∶25、1∶40、1∶60、1∶80、1∶250、1∶300、1∶400、1∶600、1∶5 000、1∶10 000、1∶20 000、1∶50 000、1∶100 000、1∶200 000

比例的书写位置应在图名的右下侧并与图名的底部平齐，字体比图名字体小一号或二号。当整张图纸只用同一比例时，也可注在图纸标题栏内。应当注意，图中所注的尺寸是

指物体实际的大小，与图的比例无关(图1-15)。

平面图 1:100　 1:20

图1-15　比例的注写

五、图线

1. 图线的种类

在绘制工程图时，为了表示出图中不同的内容，能够分清主次，常采用不同粗细的图线。基本线型有实线、虚线、单点长画线、折断线、波浪线等。根据用途不同采用不同粗细的图线，图线的宽度 b 宜从 1.4 mm、1.0 mm、0.7 mm、0.5 mm、0.35 mm、0.25 mm、0.18 mm、0.13 mm 线宽系列中选取，图线宽度不宜小于 0.1 mm。每个图样应按照复杂程度与比例大小先选定基本线宽 b，再选用表1-5中的线宽组。

图纸的图框线和标题栏线可采用表1-6的线宽。各种图线的名称、线型、线宽及用途见表1-7。

表1-5　线宽组　　　　　　　　　　　　　　　　　　　　　　　mm

线宽比	线宽组			
b	1.40	1.00	0.70	0.50
$0.7b$	1.00	0.70	0.50	0.35
$0.5b$	0.70	0.50	0.35	0.25
$0.25b$	0.35	0.25	0.18	0.13

表1-6　图框线、标题栏线宽度　　　　　　　　　　　　　　　　mm

幅面代号	图框线	标题栏外框线	标题栏分格线
A0、A1	b	$0.5b$	$0.25b$
A2、A3、A4	b	$0.7b$	$0.35b$

表1-7　图线的名称、线型、线宽与用途

名称		线型	线宽	用途
实线	粗	———————	b	主要可见轮廓线
	中粗	———————	$0.7b$	可见轮廓线
	中	———————	$0.5b$	可见轮廓线、尺寸线、变更云线
	细	———————	$0.25b$	图例填充线、家具线
虚线	粗	- - - - - -	b	见各有关专业制图标准
	中粗	- - - - - -	$0.7b$	不可见轮廓线
	中	- - - - - -	$0.5b$	不可见轮廓线、图例线
	细	- - - - - -	$0.25b$	图例填充线、家具线
单点长画线	粗	—·—·—·—	b	见各有关专业制图标准
	中	—·—·—·—	$0.5b$	见各有关专业制图标准
	细	—·—·—·—	$0.25b$	中心线、对称线、轴线等

续表

名称		线型	线宽	用途
双点长画线	粗	—··—··—	b	见各有关专业制图标准
	中	—··—··—	$0.5b$	见各有关专业制图标准
	细	—··—··—	$0.25b$	假想轮廓线、成型前原始轮廓线
折断线	细	—∿—	$0.25b$	断开界线
波浪线	细	～～～	$0.25b$	断开界线

知识链接

图线的应用

各种图线的应用如图 1-16 所示。

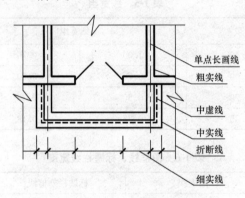

图 1-16 各种图线的应用

2. 图线的画法和要求

(1) 同一张图纸上各类线型的线宽应保持一致。实线的接头应准确，不可偏离或超出。

(2) 相互平行的图线，其间隙不宜小于其中粗线的宽度，且不宜小于 0.7 mm。

(3) 虚线、单点长画线或双点长画线的线段长度和间距，宜各自相等。虚线的线段长度为 3～6 mm，间隔为 0.5～1 mm。单点长画线或双点长画线的线段长度为 15～20 mm。当图形较小，画单点长画线有困难时，可用细实线代替。

(4) 单点长画线或双点长画线的两端不应是点，点画线与点画线交接或点画线与其他图线交接时应是线段交接。

(5) 当虚线位于实线的延长线时，相接处应留有空隙；当虚线与实线相交接时，应以虚线的线段部分与实线相交接；两虚线相交接时，应以两虚线的线段部分相交接。

(6) 图线不得与文字、数字或符号重叠、相交。当不可避免时，应首先保证文字等的清晰。

(7) 波浪线及折断线的断裂处的折线可徒手画出。

(8) 当各种线条重合时，应按粗实线、虚线、点画线的优先顺序画出。

图线的正确画法如图 1-17 所示。

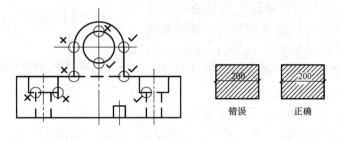

图 1-17 图线的正确画法

六、尺寸注法

尺寸是施工的依据。用图线画出的图样只能表达物体的形状,必须标注尺寸才能确定其大小。

1. 尺寸组成

尺寸主要由尺寸线、尺寸界线、尺寸起止符号、尺寸数字四要素组成,如图 1-18 所示。

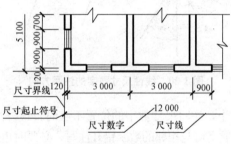

图 1-18 尺寸组成

(1)尺寸线。尺寸线是指尺寸设置方向的线,用细实线绘制。

1)尺寸线画在两尺寸界线之间,长度不宜超出尺寸界线,且必须与所注的图形线平行。

2)尺寸线不能由任何图线代替。轮廓线、轴线、中心线、尺寸界线及它们的延长线,一律不准代替尺寸线。

3)互相平行的尺寸线,应从被注图样的轮廓线由近向远整齐排列,小尺寸在内,大尺寸在外。

4)距图形轮廓线最近的一排尺寸线,与图形轮廓线间的距离不宜小于 10 mm。平行排列的尺寸线间距宜为 7~10 mm。同一张图纸上,尺寸线间距大小应保持一致。

(2)尺寸界线。尺寸界线表示尺寸范围的界限,用细实线绘制。

1)由图形轮廓线、轴线或中心线处引出,但引出端应留有 2 mm 以上间隔,另一端超出尺寸线 2~3 mm。一般与被注长度垂直。

2)必要时,图样轮廓线、中心线可作为尺寸界线。

3)标注直径、半径的尺寸界线,由圆弧轮廓线代替。

4)标注角度的尺寸界线沿径向引出。

5)标注轴测图尺寸时,尺寸界线平行于相应的轴测轴。

(3)尺寸起止符号。尺寸起止符号表示尺寸的始终。在尺寸线与尺寸界线交点处画一中粗斜短线,其倾斜方向应以尺寸界线为基准,顺时针成45°,长度宜为2~3 mm。半径、直径、角度和弧长的尺寸起止符号用箭头表示,如图1-19所示。

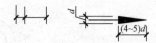

图1-19 尺寸起止符号表示方法

(4)尺寸数字。尺寸数字表示尺寸大小。

1)数字要采用标准字体,书写工整,不得潦草。在同一张图上,数字及箭头的大小应保持一致。数字高一般为3.5 mm,最小不得小于2.5 mm。

2)线性尺寸的数字应注写在尺寸线的上方中部,垂直尺寸线,字头朝上。当尺寸线为竖直时,字头朝左,并应尽可能避免在图1-20所示30°范围内标注尺寸,当无法避免时可引出标注。

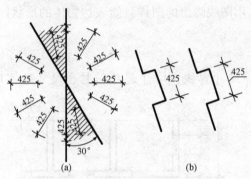

图1-20 线性尺寸数字的注写方向

3)当尺寸界线的间隔太小,注写尺寸数字的位置不够时,最外边的尺寸数字可以注写在尺寸界线的外侧,中间的尺寸数字可与相邻的数字错开注写,必要时也可以引出注写(图1-21)。

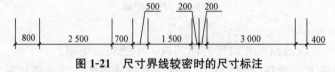

图1-21 尺寸界线较密时的尺寸标注

2. 各种尺寸注法

(1)半径、直径和球的尺寸注法。用小于或等于半圆的圆弧标注半径。半径的尺寸线必须从圆心画起或对准圆心,尺寸起止符号画箭头,半径数字前加"R"。如在图纸范围内无法标出圆心位置,可以用折断线做尺寸线进行标注。大于半圆的圆弧或圆标注直径。直径的尺寸线则通过圆心或对准圆心,尺寸起止符号用箭头表示,直径数字前加"ϕ"。球的半径或直径的尺寸标注须在R或ϕ前加上S,如"SR""$S\phi$"。较小圆弧的尺寸数字可引出标注,如图1-22所示。

(2)角度、弧长和弦长的尺寸注法。角

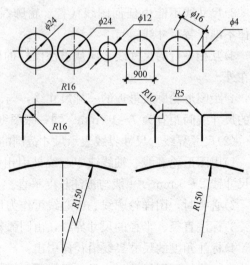

图1-22 半径、直径和球的尺寸注法

度的尺寸线是以角的顶点为圆心的圆弧线，角度的两边为尺寸界线，尺寸起止符号用箭头；角度数字一律水平书写。角度、弧长、弦长的尺寸注法如图1-23所示。标注弧长时，应在尺寸数字上方加注符号"⌒"。弦长及弧长的尺寸界线应平行于该弦的垂直平分线，当弧较大时，尺寸界线可沿径向引出。

图1-23　角度、弧长和弦长的尺寸注法

(3)其他尺寸注法举例。标注坡度时，应沿坡度画出指向下坡的箭头，在箭头的一侧或下端注写尺寸数字(百分比、比例、小数均可)，如图1-24所示。

对于较多相等间距的连续尺寸，可以标注成乘积的形式，使用图1-25所示楼梯平面图中梯段部分9×200=1 800的注法。

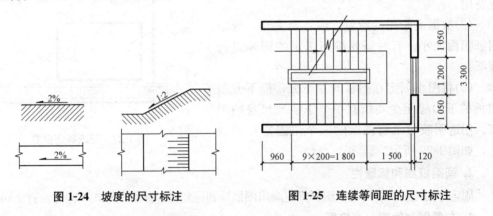

图1-24　坡度的尺寸标注　　　　图1-25　连续等间距的尺寸标注

对于桁架、钢筋以及管线等的单线图，可把尺寸数字相应地沿着杆件或线路的一侧来注写，如图1-26所示。尺寸数字的读数方向则符合前述规则。

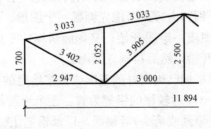

图1-26　桁架式结构的尺寸标注方法

任务实施

按照国家制图标准的规定，进行数字、字母、汉字的书写，图线、线型，尺寸标注的练习。

任务三　尺规作图的一般方法

任务描述

尺规作图主要指借助尺子和圆规等绘图工具手工作图，本任务要求学生了解尺规作图的一般方法和步骤。

相关知识

1. 绘图前的准备工作

(1)阅读有关文件、资料，了解所绘制图样的内容和要求。备齐工具，将图板、丁字尺、三角板等擦拭干净，铅笔和圆规上的铅芯修好备用。

(2)根据需绘图的数量、内容及大小，选定图纸幅面大小。有时还要按照选定的图幅进行裁纸。

(3)将图纸固定在图板的左下方，但下方距图板的下边缘至少要留有一个丁字尺尺身的距离。用透明胶带纸将图纸的四个角固定在图板上，如图1-27所示。

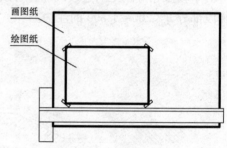

图1-27　图纸固定位置

2. 画图框线和标题栏

固定好图之后，即可按照国标规定画出图框线和标题栏。标题栏格式不同行业有不同要求。

3. 布置图形位置，画底图

(1)安排整张图纸中应画各图的位置(按采用的比例并同时考虑预留标注尺寸、文字注释、各图间的净间隔等所需的空间，务必使图纸上各图安排得疏密匀称，既节约图幅而又不拥挤)。

(2)应根据需画图形的类别和内容来考虑先画哪一个图形。例如，画独立的或各自组成的图，可以从左上方的一个图或一组图开始；又如画房屋的平面图和与之上下对应的立面图，则先从左下方画平面图开始，然后再画立面图。

(3)画出图形的基准线。根据已确定好的基准线，按给定的尺寸，用细而轻的图线画底图。画底图时一般采用2H、3H等较硬的铅笔为宜。逐个绘制各图线，包括画上尺寸界线、尺寸线、尺寸起止符号(起止短画或箭头)等稿线，以及铅笔注写尺寸数字等。

(4)画完一个图或一组图后，再画另一组图。倘若画的图中有轴线或中心线，应先画轴线或中心线，再画主要轮廓线，然后画细部的图线。对于图例部分可以不画稿线，或只画一小部分稿线，在用铅笔加深时再直接画上。

(5)画其他图线，如剖切位置线、符号等。

(6)按照字体要求，书写各图名称、比例、剖切编号、注释文字等字稿，注意字体的整齐、端正。

4. 描深图线

图形绘制完成后，应做到图线粗细分明、均匀黑亮、深度一致。因此，在底图画完后，还需要用较软的铅笔进行描深。描深粗实线、虚线时可采用 B 或 HB 的铅笔，描深细实线、点画线时可采用 H 或 HB 的铅笔。描深图线的次序一般为：先曲线后直线；先实线后虚线；先粗线后细线。图形描深完成后再画尺寸起止符号、填写尺寸数字和书写文字说明，最后填写标题栏，加深图框线和标题栏外框线。

任务实施

按照前述相关知识，使用尺规进行圆形绘制。

任务四　徒手画图

任务描述

不用制图工具或仪器，只用铅笔徒手绘制的图样称为徒手图，也称为草图。

在实际工作中，在选择视图、配置视图、实物测绘、参观记录、方案设计和技术交流过程中，当建筑物需要改建或修复、机器局部零件损坏需要修配，以及在调查研究过程中收集资料时，往往需要测量实物、徒手作图，为制定技术文件提供原始资料。因此，徒手作图也是制图工作中重要的一环，要求做到：迅速、完整、清晰、准确。本任务要求学生掌握徒手绘图的方法，并徒手完成图 1-28 所示图形的绘制。

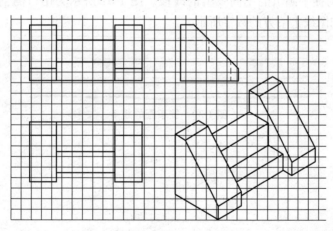

图 1-28　在方格纸上徒手画草图

相关知识

一、草图绘制要求

(1) 草图中的图线应粗细分明，符合各种线型的基本规定。

(2) 草图没有比例，画图时仅凭绘制者目测形体各部位的长短比例关系绘制，但各部分之间要协调均匀，基本反映原形。

(3)草图中的尺寸标注应完整、正确、清晰，字体工整。

二、各种线型的徒手画法

1. 直线的徒手画法

画水平线和竖直线时的姿势，可以参照图1-29(a)，执笔不宜过紧、过低。画短线时，图纸可以放得稍斜，对于固定的图纸，则可适当调整身体位置。徒手画竖直线时，应自上往下画，如图1-29(b)所示。图线宜一次画成；对于较长的直线，可以分段画出。

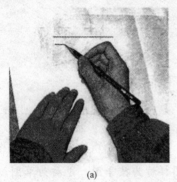 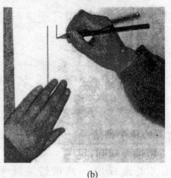

图 1-29　徒手画直线的姿势

(a)画水平线；(b)画竖直线

2. 线型及等分线段画法

图1-30所示为徒手画出的不同线型的线段。图1-31所示为用目测估计来徒手等分直线，等分的次序如图线上下方的数字所示。

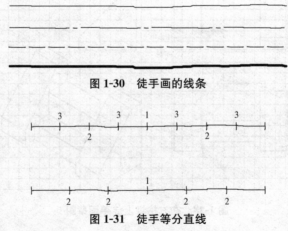

图 1-30　徒手画的线条

图 1-31　徒手等分直线

3. 斜线的徒手画法

画与水平线成30°、45°等特殊角度的斜线，如图1-32所示。按两直角边的近似比例关系，定出两端点后连接画出，也可以采用近似等分圆弧的方法画出。

4. 圆的徒手画法

画直径较小的圆时，可如图1-33(a)所示，在中心线上按半径目测定出四点后徒手连

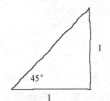 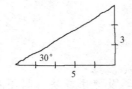

图 1-32　徒手作常用角度的斜线

成。画直径较大的圆时，则可如图 1-33(b)所示，通过圆心画几条不同方向的直线，按半径目测确定一些点，再徒手连接而成。

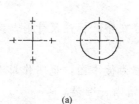 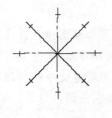 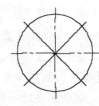

　　　(a)　　　　　　　　　　　　　(b)

图 1-33　徒手画圆

(a)画小圆；(b)画大圆

5. 椭圆的徒手画法

已知长短轴画椭圆，如图 1-34 所示，先作出椭圆的外切矩形，如椭圆较小，可以直接画出椭圆。如椭圆较大，则在画出外切矩形后，再在矩形对角线的一半长度上目测十等分，并定出其等分的点，依次徒手连接八点(称为八点法)即为求作的椭圆。

已知共轭轴画椭圆，如图 1-35 所示，可由共轭轴先作出外切平行四边形，其余作法与上述相同。

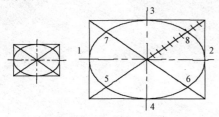 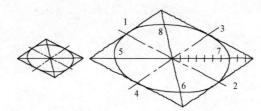

图 1-34　徒手八点法画椭圆　　　　图 1-35　由共轭轴徒手画椭圆

【小提示】　徒手画平面图形时，不要急于画细部，先要考虑大局，既要注意图形的长与宽的比例，也要注意图形的整体与细部的比例是否正确。草图最好画在方格纸上。图形各部分之间的比例，可借助方格数的比例来解决。

任务实施

根据前述相关知识，按照图 1-28 所给的图形，在方格纸上绘制该图形。

项目小结

本项目主要介绍了工程制图工具及使用方法、制图基本规定、尺规作图的一般方法、徒手画图等制图基础内容。

(1)尺规绘图是通过制图工具来进行的。常用的制图工具有铅笔、图板、丁字尺、三角板、圆规、分规等。

(2)国家制图标准对于图样的画法，图线的线型、线宽，图上尺寸的标注，图例以及字体等，都做了统一的规定。

(3)尺规作图应该先画底稿，再加深图线，再注写尺寸文字。标注尺寸时，需分析应注尺寸的数量，做到尺寸齐全、正确和清晰。

(4)不用制图工具或仪器，只用铅笔徒手绘制的图样称为徒手图，也叫作草图。徒手作图也是制图工作中重要的一环，要求做到：迅速、完整、清晰、准确。

思考与练习

1. 常用的制图工具有哪些？
2. 简述图幅及图框的相关规定。
3. 简述数字与字母的书写要求。
4. 简述图线的画法、要求及用途。
5. 简述尺寸标注的注意事项。

项目二　投影基本知识及点线面的投影

知识目标

通过本项目的学习，了解投影的形成方法与分类；掌握正投影的投影特性、三面正投影图的投影规律，点、线、面的投影。

能力目标

能够运用点、线、面的三面投影规律进行作图。

任务一　投影基本知识

任务描述

物体在光线（灯光和阳光）的照射下，会在地面或墙面上产生影子。这种影子的内部灰黑一片，只能反映物体的外形轮廓，无法反映物体各部分的形状，如图2-1(a)所示。当光线照射的角度或距离改变时，影子的位置、形状也随之改变。也就是说，光线、物体、影子之间存在着紧密的联系。将自然界的影子进行科学抽象，形体的影子就发展成为能满足生产需要的投影图，这就是投影，如图2-1(b)所示。本任务要求学生认识常用的投影图。

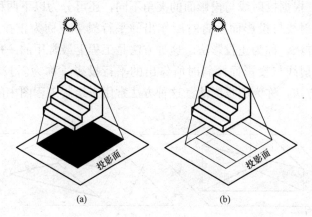

图2-1　影子与投影
(a)影子；(b)投影

相关知识

一、投影的形成

如图 2-2 所示,假设空间有一个光源 S 和一个三角形 ABC,假设光源发出的光线能够透过形体而将各个顶点和各条边线都在平面 H 上投落它们的影,这些点和线将组成一个能够反映出形体形状的图形。这个图形通常称为形体的投影,光源 S 称为投射中心,SA、SB、BC 称为投射线,平面 H 称为投影面。这种使空间形体在投影面上生成投影的方法,称为投影法。

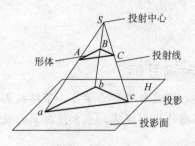

图 2-2 投影的形成

由此可见,产生投影必须具备三个条件,即投射线、投影面、空间形体(包括点、线、面等几何元素)。

二、投影的分类

投影法分为中心投影法和平行投影法两类。

1. 中心投影法

如图 2-3 所示,投射中心 S 在有限的距离内,发出放射状的投射线,用这种投射线作出的投影四边形 $abcd$ 称为四边形 $ABCD$ 在 H 面的中心投影,作出中心投影的方法称为中心投影法。

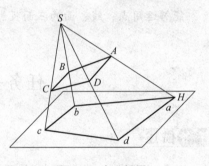

图 2-3 中心投影

2. 平行投影法

如图 2-4 所示,当投射中心 S 距离投影面无限远时,所有的投射线成为平行线,用这种投射线作出的投影 $\triangle abc$ 称为 $\triangle ABC$ 在 H 面的平行投影,作出平行投影的方法称为平行投影法。

在平行投影中,根据投射线与投影面的夹角不同,还可分为以下两种:

(1)正投影:投射线与投影面垂直时所作出的平行投影,称为正投影,如图 2-4(a)所示。作出正投影的方法,称为正投影法。这种方法是工程上最常用的一种方法。

(2)斜投影:投射线与投影面倾斜时所作出的平行投影,称为斜投影,如图 2-4(b)所示。作出斜投影的方法,称为斜投影法。这种方法常用来绘制工程图中的辅助图样。

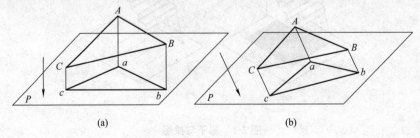

(a)　　　　　　　　　　(b)

图 2-4 平行投影

(a)正投影;(b)斜投影

三、投影图的分类

在图纸上表示工程结构时，由于所表达的目的及被表达对象的特性不同，往往需要采用不同的图示方法，得到不同的投影图。常用的投影图有多面正投影、轴测投影、透视投影和标高投影。

1. 多面正投影

设置两个或两个以上的投影面，将形体置于观察者和投影面之间，用正投影法将形体分别向所设置的投影面上进行投影；然后，将这些带有投影图的投影面展开在一个平面上，从而得到形体的多面正投影，如图 2-5(a)所示。这样绘制的工程图样虽然直观性差，但作图方便且便于度量，因此，成为工程中应用最广泛的一种图示方法，也是本任务讲述的主要内容。

2. 轴测投影

轴测投影是将形体连同参考直角坐标系，沿不平行于任一坐标平面的方向，用平行投影法将其投影在单一投影面上所得的具有立体感的投影图，如图 2-5(b)所示。轴测投影图虽然直观性较好，但作图烦琐，在一定条件下也可以度量长、宽、高三方向的尺寸，因此，在工程实际中常用作辅助图样。

3. 透视投影

透视投影是采用中心投影法将形体投影在单一投影面上所得的具有立体感的图形，如图 2-5(c)所示。透视投影图比较符合人们的视觉，具有直观、立体感强的特点，但作图较烦琐，度量性差。因此，该图常用作表现建筑物外观或室内装饰效果，以及道路设计中。

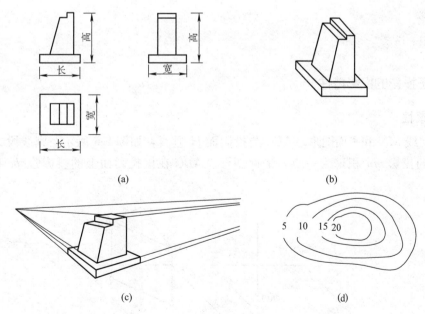

图 2-5 投影的分类
(a)多面正投影；(b)轴测投影；(c)透视投影；(d)标高投影

4. 标高投影

标高投影图是在形体的水平投影上加注某些特征面、线以及控制点的高程数值的单面正投影，如图 2-5(d)所示。它主要用于表示地形面的形状。用标高投影所绘制的地形图，主要是用等高线来表示，是土木工程中常见的一种工程图样。

任务实施

根据上述相关知识，认识正投影图、轴测投影图、透视投影和标高投影，重点掌握多面正投影图，它是本任务的主要内容。

任务二　三面投影

任务描述

工程上绘制图样的方法主要是正投影法，所绘正投影图能反映对象的实际形状和大小尺寸，即度量性好，且作图简便，能够满足设计与施工的需要。但是仅作一个单面投影图来表达物体的形状是不够的，因为一个投影图仅能反映该形体某些面的形状，不能表现出形体的全部形状。一般情况下，需要建立一个由互相垂直的三个投影面组成的投影体系，并作出形体在该投影体系三个投影面内的投影，这样，就可以充分表达出形体原有的空间形状。三面投影体系是由三个相互垂直的投影面构成的体系。本任务要求学生通过对正投影投影特性、三面正投影图的形成原理的学习，思考三面正投影图有哪些投影规律。

相关知识

一、正投影的投影特性

1. 积聚性

若空间线 MN 和平面图形△ABC 与投影面 H 垂直，如图 2-6 所示，则线段 MN 在该投影面上的投影 mn 积聚为一点，平面图形△ABC 在该投影面上的投影△abc 积聚为一直线。

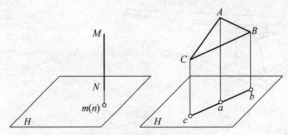

图 2-6　正投影的积聚性

2. 平行性

若空间两直线 AB、CD 相互平行，如图 2-7 所示，则它们的投影 ab、cd 也彼此平行，即 $AB/\!/CD$，则 $ab/\!/cd$。

3. 定比性

如图 2-8 所示，若空间线段 AB 上有一点 C 把线段分为 AC 和 CB 两段，则点 C 在 H 面上的投影一定落在线段 AB 的同面投影上。如果 AB 不垂直于投影面，则 AC 和 CB 两段的实长之比，等于其投影 ac 和 cb 之比，即 $AC:CB=ac:cb$。

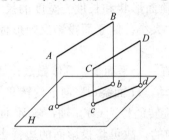
图 2-7 正投影的平行性

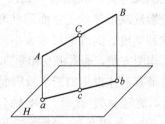
图 2-8 正投影的定比性

4. 全等性

如果空间线段 MN 和平面图形 $ABCD$ 与投影面平行，如图 2-9 所示，则它们在该投影面上的投影反映线段 MN 的实长和平面图形 $ABCD$ 的实形，即 $mn=MN$，四边形 $abcd\cong$ 四边形 $ABCD$。

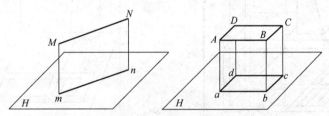
图 2-9 正投影的全等性

二、三面正投影图

空间形体都具有长度、宽度和高度三个方向的尺寸，可以通过正面、侧面和顶面来描述它的形状。形体的单一正投影，仅能反映两个方向的尺寸和一个方面的形状。一般情况下，需要建立一个由互相垂直的三个投影面组成的投影体系，并作出形体在该投影体系三个投影面内的投影，这样，就可以充分表达出形体原有的空间形状。

1. 三面投影体系的建立

如图 2-10 所示，在形体下方放置一投影面，称为水平投影面，用"H"表示，简称 H 面；在形体后方放置一投影面，称为正立投影面，用"V"表示，简称 V 面；在形体右侧方放置一投影面，称为侧立投影面，用"W"表示，简称为 W 面。

H、V、W 三个投影面两两相交，其交线称为投影轴，分别用 OX、OY、OZ 表示，三投影轴相交于一点 O，称为原点。

2. 三面正投影图的形成

将形体置于三面投影体系中，尽量让形体的各表面平行或垂直于投影面，如图 2-10 所示；然后，用三组平行且分别垂直于 H、V、W 面的投射线对该形体向三个投影面作正投影。其中，由上向下在 H 投影面得到的正投影图称为水平投影图，简称 H 投影；由前向后在 V 投影面得到的正投影图称为正立面投影图，简称 V 投影；由左向右在 W 投影面得到的正投影图称为侧立面投影图，简称 W 投影。

如图 2-11 所示，将投影后的形体从三面投影体系中取出，根据三面投影也可读出形体各个方面的尺寸大小和形状。如水平投影反映形体的顶面形状和长度、宽度的尺寸大小；正立面投影反映形体的正立面形状和长度、高度的尺寸大小；侧立面投影反映形体的左侧立面形状和宽度、高度的尺寸大小。

为了作图方便，通常将互相垂直的三个投影面展开在一个平面上。具体做法：如图 2-11 所示，将带有形体投影的三个投影面展开，V 面保持不动，H 面绕 OX 向下旋转 90°，W 面绕 OZ 向右旋转 90°，此时，OY 轴分成两条，随 H 面旋转的称为 OY_H 轴，随 W 面旋转的称为 OY_W 轴，如图 2-12(a) 所示。因为平面是无限延伸的，故可将投影面的边框去除，如图 2-12(b) 所示。

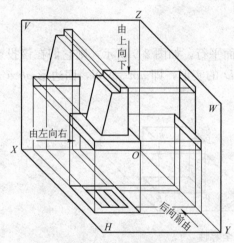

图 2-10 三面投影体系的建立和形成

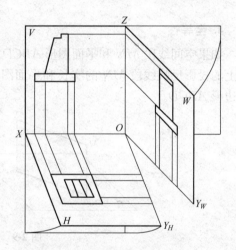

图 2-11 三面投影图的形成

任务实施

在三面投影图中，形体左右两点之间平行于 OX 轴的距离为长度，上下两点之间平行于 OZ 轴的距离为高度，前后两点之间平行于 OY 轴的距离为宽度，如图 2-12(b) 所示。V 面、H 面的投影都反映形体的长度，因此必须左右对齐，即"长对正"的关系；同理，V 面、W 面投影都反映形体的高度，必须上下对齐，即"高平齐"的关系；H 面、W 面的投影都反映形体的宽度，这两个宽度一定相等，即"宽相等"的关系。

"长对正、高平齐、宽相等"称之为"三等关系"，是形体三面投影图最基本的投影关系，也是画图和识图的基础。它不仅适用于整个形体的投影，也适用于形体每个局部的投影，如图 2-13 所示。

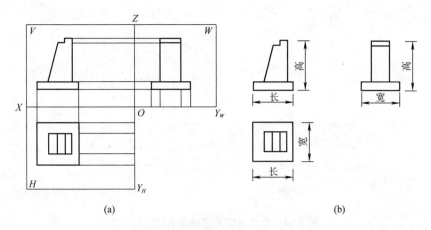

图 2-12 三面投影图的展开绘制

(a)三个投影面展开在一个平面上；(b)三面正投影图

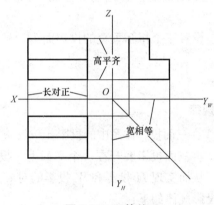

图 2-13 三等关系

任务三 点的投影

任务描述

点是构成形体的最基本元素，点只有空间位置而无大小。本任务要求学生通过对点的投影规律的学习，思考如何根据点的两面投影，求它的第三面投影。

相关知识

一、点的投影含义

如图 2-14 所示，过空间一点 A 作 H 面的投射线，该投射线与投影面 H 的交点 a，即为空间点 A 在 H 面的投影。

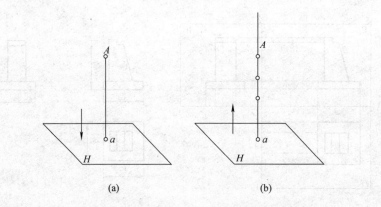

图 2-14 单面投影无法确定点的空间位置
(a)由空间点求正投影;(b)由正投影求空间点

因投射线 Aa 上所有的点在 H 面的投影均与 a 重合,所以,仅凭点 A 的单面投影 a,不能确定点 A 的空间位置。

为了确定点的空间位置,设置三个相互垂直的投影面 H、V 和 W。

二、点的三面投影

1. 点的三面投影及投影规律

如图 2-15 所示,作出点 A 在三面投影体系中的投影 a、a'、a'',a 称为水平投影,a' 称为正面投影,a'' 称为侧面投影。将三面投影展开在一个平面上,投影图的边框可以省略,45°斜线可以作为作图的辅助线,从而实现 H 投影和 W 投影的对应关系。

点在三面投影体系中的投影规律如下:

(1)点的投影的连线垂直于相应的投影轴。

点的水平投影与正面投影的连线垂直于 OX 轴;正面投影与侧面投影的连线垂直于 OZ 轴。

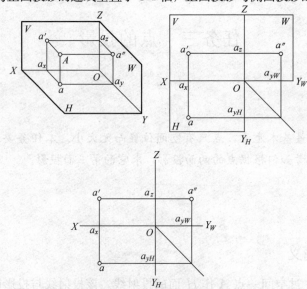

图 2-15 点的三面投影

(2)点的投影到投影轴的距离反映了点的坐标，同时点的坐标也反映了点到某一投影面的距离。

点的水平投影至 OY_H 轴的距离等于点的正面投影至 OZ 轴的距离，且均反映点到 W 面的距离，称为该点的 X 坐标，即 $x=Aa''=aa_{yH}=a'a_z$；

点的水平投影至 OX 轴的距离等于点的侧面投影至 OZ 轴的距离，且均反映点到 V 面的距离，称为该点的 Y 坐标，即 $y=Aa'=aa_x=a''a_z$；

点的正面投影至 OX 轴的距离等于点的侧面投影至 OY_W 轴的距离，且均反映点到 H 面的距离，称为该点的 Z 坐标，即 $z=Aa=a'a_x=a''a_{yW}$。

因为水平投影 a 到 OX 轴的距离等于侧面投影 a'' 到 OZ 轴的距离，所以，这段距离可用下列四种几何作图的方法相互移量。

(1)如图 2-16(a)所示，用分规量取 $aa_x=a''a_z$。

(2)如图 2-16(b)所示，自 a 作水平线与 OY_H 相交于 a_y；然后，以 O 为圆心，以 Oa_y 为半径作弧，将 OY_H 上的 a_y 移到 OY_W 上，再从该点作 OY_W 的垂线，与过 a' 的水平线相交，即得 a''。

(3)如图 2-16(c)所示，自 a 作水平线与 OY_H 相交于 a_y；然后，用直尺和三角板过 a_y 作 45°线，将 OY_H 上的 a_y 移到 OY_W 上，再从该点作 OY_W 的垂线，与过 a' 的水平线相交，也可得 a''。

(4)如图 2-16(d)所示，自 a 作水平线，与经 O 点平分 XOZ 的 45°斜线相交；再从该点作 OY_W 的垂线，与过 a' 的水平线相交，也可求得 a''。

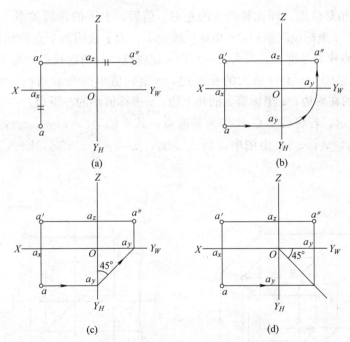

图 2-16　水平投影与侧面投影 Y 坐标的移量
(a)取 $aa_x=a''a_z$；(b)以 Oa_y 为半径求得 a''；(c)过 a_y 作 45°线得 a''；(d)作平分 XOZ 的 45°斜线得 a''

2. 位于投影面或投影轴上的点的投影

如果点位于某投影面上，则它在该投影面上的投影与其本身重合，另外两个投影落在相应的投影轴上。如图 2-17 所示，点 A 位于 H 面内，它的水平投影 a 与其本身重合，它的正面投影 a' 落在 OX 轴上，侧面投影 a'' 落在 OY 轴上。

如果点位于某投影轴上，则点在该投影轴相应的两投影面内的投影与其本身重合，另一投影落在坐标原点上。如图 2-17 所示，点 D 位于 OX 轴上，它的水平投影 d 与正面投影 d' 与其本身重合，d'' 落在坐标原点上。

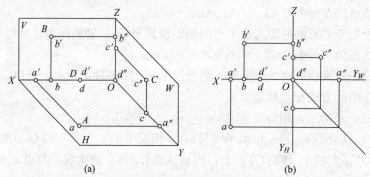

图 2-17　位于投影面和投影轴上的点的投影
(a)立体图；(b)投影图

三、两点的相对位置和重影点

1. 两点的相对位置

判断两点的相对位置，即比较两点的左右、前后、上下的位置关系。根据点的坐标，x 坐标反映左右，y 坐标反映前后，z 坐标反映上下。为了说明两个点的相对位置关系，通常先选定其中一点作为基准点，那么另一点即为比较点，判断比较点相对于基准点的位置。在两点的同面投影中，x 坐标值大的在左边，x 坐标值小的在右边；y 坐标值大的在前边，y 坐标值小的在后边；z 坐标值大的在上边，z 坐标值小的在下边。

如图 2-18 所示，若将已知点 B 作为基准点，其坐标为 (x_b, y_b, z_b)，将 A 作为比较点，其坐标为 (x_a, y_a, z_a)，由图中得到 $x_a > x_b$，$y_a < y_b$，$z_a < z_b$，则 A 点在 B 点的左、后、下方。

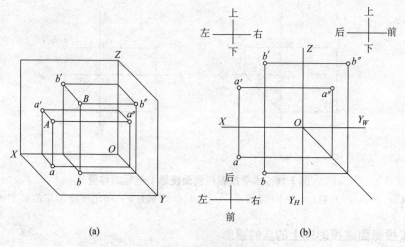

图 2-18　两点的相对位置
(a)立体图；(b)投影图

2. 重影点

如果空间两点的某两个坐标相同，那么这两个点就位于某投影面的同一条投射线上，这两点在该投影面上的投影就重合，这两点称为该投影面的重影点。重合在一起的投影，称为重影。重影中不可见的点应加括号表示。

如图 2-19(a)所示，A、B 两点的水平投影重合，这两点的 x、y 坐标相同，位于 H 面的同一条投射线上，故 A、B 两点为 H 面的重影点。从正面或者侧面投影中可以看出，A 点的 z 坐标大于 B 点的 z 坐标，说明点 A 在点 B 的上方。当向 H 面投影时，点 A 挡住点 B，故点 A 的水平投影可见，而点 B 的水平投影不可见。

如图 2-19(b)所示，C、D 两点的正面投影重合，这两点的 x、z 坐标相同，位于 V 面的同一条投射线上，故 C、D 两点为 V 面的重影点。从水平面或者侧面投影中可以看出，C 点的 y 坐标大于 D 点的 y 坐标，说明点 C 在点 D 的前方。当向 V 面投影时，点 C 挡住 D 点，故点 C 的正面投影可见，而点 D 的正面投影不可见。

如图 2-19(c)所示，E、F 两点的侧面投影重合，这两点的 y、z 坐标相同，位于 W 面的同一条投射线上，故 E、F 两点为 W 面的重影点。从水平面或者正面投影中可以看出，E 点的 x 坐标大于 F 点的 x 坐标，说明点 E 在点 F 的左方。当向 W 面投影时，点 E 挡住点 F，故点 E 的侧面投影可见，而点 F 的侧面投影不可见。

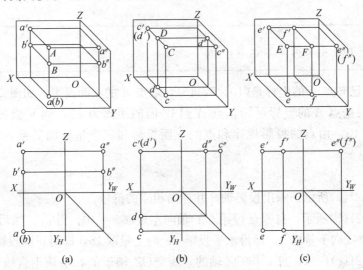

图 2-19 投影面的重影点

(a)H 面的重影点；(b)V 面的重影点；(c)W 面的重影点

任务实施

因为点的任何两个投影都可以确定点的空间位置，所以只要给出点的两面投影，就可以根据它的投影求出它的第三面投影。以下以例题的形式说明如何根据点的两面投影，求它的第三面投影。

【例 2-1】 已知点 A 的水平投影 a 和侧面投影 a''，如图 2-20(a)所示，求其正面投影 a'。

【分析】 由点的投影特性可知，点的正面投影与水平投影的连线垂直于 OX 轴，点的正面投影和侧面投影的连线垂直于 OZ 轴，故过 a 作 OX 轴的垂直线与过 a'' 作 OZ 轴的垂直线的交点，即为点 A 的正面投影 a'。

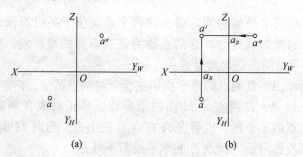

图 2-20 求点的正面投影
(a)已知 A 的水平投影 a 和侧面投影 a''；(b)求 A 的正面投影 a'

【作图】 如图 2-20(b)所示：
(1)过点 A 的水平投影 a 作 OX 轴的垂直线，交 OX 轴于 a_x，a' 必在 aa_x 的延长线上。
(2)过点 A 的侧面投影 a'' 作 OZ 轴的垂直线，交 OZ 轴于 a_z，a' 必在 $a''a_z$ 的延长线上，延长 $a''a_z$ 与 aa_x 的延长线相交，交点即为所求点 A 的正面投影 a'。

知识链接

根据点的坐标，求它的正面投影。

【例 2-2】 已知点 A 的坐标是(10，5，15)，求点 A 的三面投影，如图 2-21 所示。
【分析】 根据点 A 的坐标可知，点 A 到 W 面的距离为 10，到 V 面的距离为 5，到 H 面的距离为 15。由点的投影规律和点的三面投影和三个坐标的关系，即可得点 A 的三面投影。
【作图】
(1)如图 2-21(a)所示，画出投影轴，并标出相应的符号。
(2)如图 2-21(b)所示，自原点 O 沿 OX 轴向左量取 $x=10$，得 a_x；然后，过 a_x 作 OX 轴的垂线，沿垂线向下量取 5，即得水平投影 a；向上量取 15，即得正面投影 a'。
(3)如图 2-21(c)所示，过 a' 作 OZ 轴的垂线交 OZ 轴于 a_z，沿该垂直线向右量取 $y=5$，即得点的侧面投影 a''。a'' 也可以用图 2-16 所示的其他方法求得。

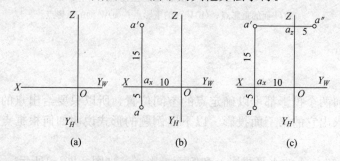

图 2-21 已知点的坐标求其三面投影
(a)画投影轴并标上相应符号；(b)取已知点 A 的坐标；(c)求 a''

任务四　直线的投影

任务描述

直线的投影可以由直线上两点的投影确定。求直线的投影，只要作出直线上两个点的投影，再将同一投影面上两点的投影连起来，即是直线的投影。按照直线与三个投影面相对位置的不同，直线可分为倾斜、平行和垂直三种情况。倾斜于投影面的直线称为一般位置直线，简称一般直线；平行或垂直于投影面的直线称为特殊位置直线，简称特殊直线。本任务要求学生通过对直线的投影规律及其应用的学习，并完成以下作图：

如图 2-22 所示，已知直线 AB 及线外一点 C 的两投影，过点 C 作直线，做 $AB/\!/CD$ 且 $CD=15$ mm。

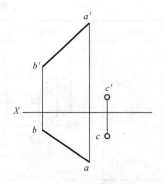

图 2-22　过已知点求已知直线的平行线

相关知识

直线与其在各投影面上投影的夹角，称为直线与投影面的夹角。直线与 H 面、V 面、W 面的夹角分别用 α、β、γ 表示，如图 2-23 所示。

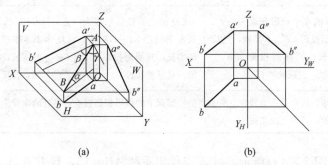

(a)　　　　　　　　　　　(b)

图 2-23　直线的投影及直线对投影面的夹角

(a)立体图；(b)直线的投影

根据直线与投影面的相对位置不同，直线可分为投影面的垂直线、投影面的平行线和一般位置直线。其中，投影面的垂直线、投影面的平行线，统称为投影面特殊位置直线。

一、投影面的垂直线

1. 空间位置

投影面垂直线垂直于某一投影面，因而平行于另外两个投影面。直线垂直于 H 面，称为铅垂线；直线垂直于 V 面，称为正垂线；直线垂直于 W 面，称为侧垂线。

2. 投影特性

投影面垂直线在其所垂直的投影面上的投影，积聚为一点。由于投影面垂直线与其他两个投影面平行,其上各点到相应的投影面距离相等,所以,其他两面投影平行于相应的投影轴,并反映直线的实长。

3. 读图

直线只要有一面投影积聚为一点,它必然是投影面垂直线,且垂直于积聚投影所在投影面。各投影面垂直线的投影及投影特性,见表 2-1。

表 2-1　投影面垂直线的投影及投影特性

名称	铅垂线⊥H 面	正垂线⊥V 面	侧垂线⊥W 面
立体图			
投影图			
投影特性	AB 的水平投影积聚为一点,其正面投影 $a'b'\perp OX$ 轴,且反映实长;其侧面投影 $a''b''\perp OY_W$ 轴,且反映实长	CD 的正面投影积聚为一点,其水平投影 $cd\perp OX$ 轴,且反映实长;其侧面投影 $c''d''\perp OZ$ 轴,且反映实长	EF 的侧面投影积聚为一点,其水平投影 $ef\perp OY_H$ 轴,且反映实长;其正面投影 $e'f'\perp OZ$ 轴,且反映实长
	总结:投影面垂直线在它所垂直的投影面上的投影积聚成点,另外两面投影分别垂直于相应的两个投影轴,且均反映实长。		

【例 2-3】　如图 2-24(a)所示,过 A 点作铅垂线 $AB=15$,且 B 在 A 点的上方。

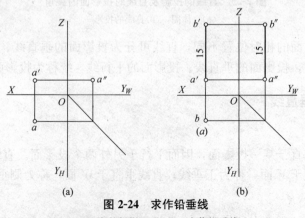

图 2-24　求作铅垂线
(a)A 点的投影;(b)过 A 点作铅垂线

【分析】 由铅垂线的投影特性可知,它的水平投影积聚为一点,B 在 A 的上方,故 A 的水平投影不可见,它的正面投影、侧面投影反映实长,且分别垂直于 OX 轴、OY_W 轴。

【作图】 如图 2-24(b)所示:
(1)过 a' 向上作与 OX 轴的垂线,截取长度 15,得 B 的正面投影 b'。
(2)过 a'' 向上作 OY_W 轴的垂线,截取长度 15,得 B 的侧面投影 b''。
(3)B 的水平投影与 A 的水平投影重影,且 a 不可见。

二、投影面的平行线

1. 空间位置

投影面平行线平行于某一投影面,但倾斜于其余两个投影面。直线平行于 H 面,称为水平线;直线平行于 V 面,称为正平线;直线平行于 W 面,称为侧平线。

2. 投影特性

投影面平行线在其平行的投影面内的投影是倾斜的,反映实长。该斜投影与投影轴的夹角,反映投影面平行线对相应投影面的倾角的实形;其余两个投影,平行于相应的投影轴。

3. 读图

一直线如果有一个投影平行于投影轴而另一投影倾斜时,它就是一条投影面平行线,平行于倾斜投影所在的投影面。

各投影面平行线的投影及投影特性,见表 2-2。

表 2-2 投影面平行线的投影及投影特性

名称	水平线//H 面	正平线//V 面	侧平线//W 面
立体图	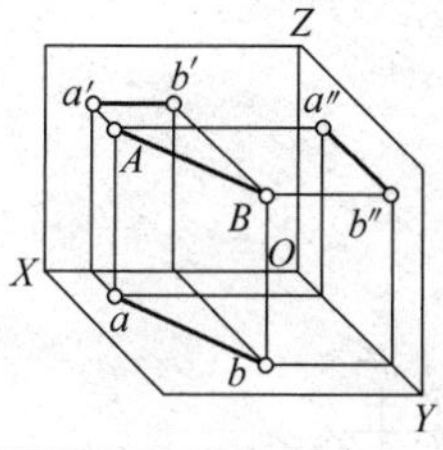	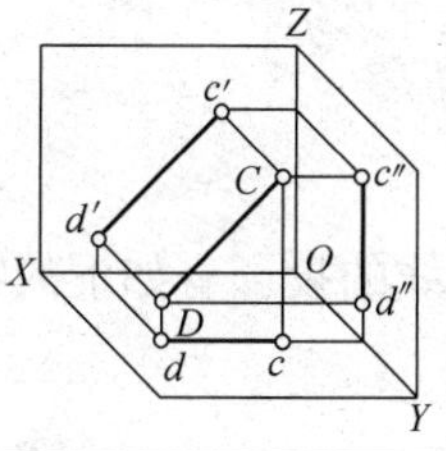	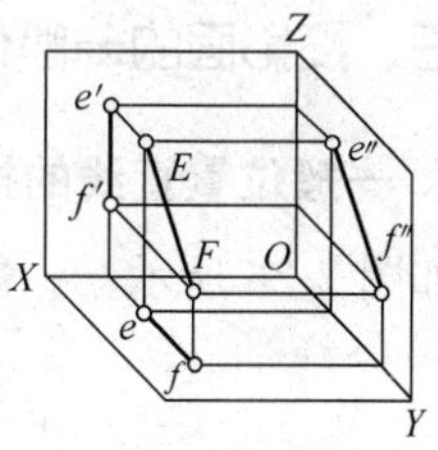
投影图	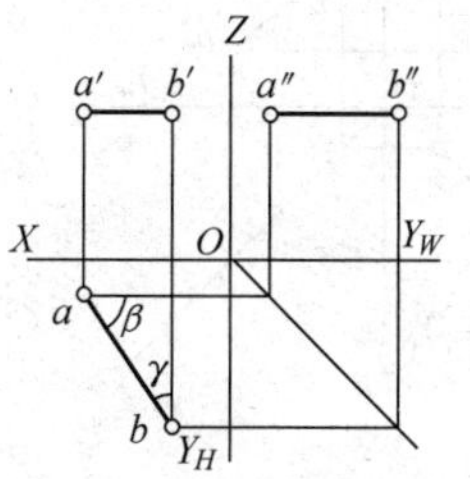	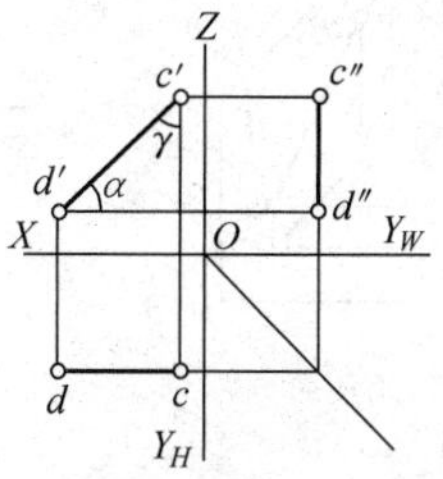	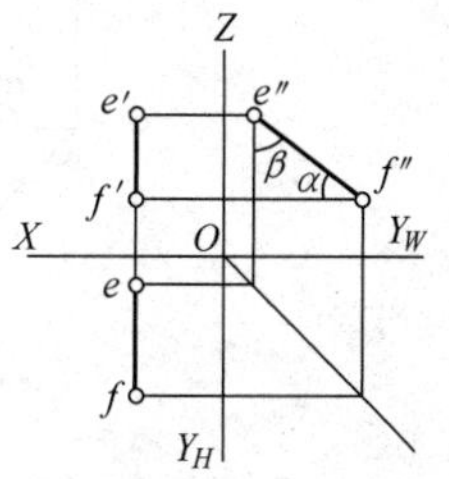
投影特性	AB 的水平投影反映实长,且反映倾角 β、γ 的真实大小;正面投影 $a'b'$//OX,侧面投影 $a''b''$//OY_W 轴,但不反映实长	CD 的正面投影反映实长,且反映倾角 α、γ 的真实大小;水平投影 cd//OX,侧面投影 $c''d''$//OZ 轴,但不反映实长	EF 的侧面投影反映实长,且倾角 α、β 的真实大小;正面投影 $e'f'$//OZ,水平投影 ef//OY_H 轴,但不反映实长
	总结:投影面平行线,在它所平行的投影面上的投影反映实长,同时分别反映它和另外两个投影面的夹角,而另外两面投影则分别平行于相应的投影轴,且长度缩短。		

【例 2-4】 如图 2-25(a)所示,过 A 点作侧平线 $AB=15$,且与 H 面的倾角 $\alpha=60°$。

【分析】 由侧平线的投影特性可知,它的侧面投影反映实长,且与 OY_W 轴的夹角反映直线对 H 面的倾角 α,它的水平投影与正面投影分别平行于 OY_H 和 OZ 轴。

【作图】 如图 2-25(b)所示:

(1)过 a'' 作与 OY_W 成 60°的直线,并截取 $a''b''=15$。

(2)过 b'' 作 OZ 轴的垂线,过 a' 作 OZ 轴的平行线,两线交点即为 B 的正面投影 b'。

(3)过 b'' 作 OY_W 轴的垂线,并垂直于 OY_H 轴,过 a 作 OY_H 的平行线,两线交点即为 B 的水平投影 b。

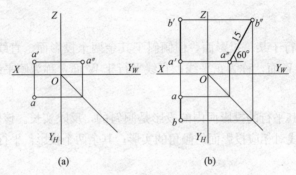

图 2-25 求作侧平线
(a)A 点的投影;(b)过 A 点求作侧平线

【小提示】 本题的解中,B 点在 A 点的前上方,请读者思考 B 点在 A 点其他方位的求解过程。

三、投影面的一般位置直线

1. 一般位置直线的投影

如图 2-26 所示,一般位置直线的投影有如下的特点。

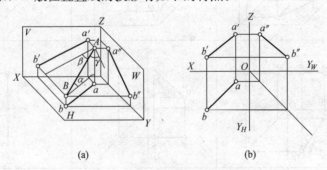

图 2-26 一般位置直线的投影
(a)立体图;(b)投影图

(1)一般位置直线对各投影面都倾斜。直线对投影面的倾角,就是该直线和它在该投影面内投影的夹角。直线 AB 的 H 投影 ab,其长度 $ab=AB\cdot\cos\alpha$,同理可得 AB 在其他投影面内投影的长度,即 $a'b'=AB\cdot\cos\beta$,$a''b''=AB\cdot\cos\gamma$。其余弦必小于 1,故一般位置直线三面投影的长度都小于线段的实长。

(2)一般位置直线上各点到投影面的距离都不相等,所以,一般位置直线在各投影面内的投影都倾斜于投影轴。读图时,只要有两面投影是倾斜的,则它必为一般位置直线。

(3)一般位置直线对 H、V、W 面的倾角 α、β、γ,在投影面中都不反映实形。

2. 一般位置直线的实长和倾角

如前所述,投影面垂直线、投影面平行线在某一投影面内的投影,总能反映实长及其对投影面的倾角,但一般位置直线在各投影面上的投影既不能反映它的实长,也不能反映直线对投影面的倾角。在实际中,经常要根据直线的投影,求出它的实长和对投影面的倾角。

(1)直线对 H 面的倾角 α 及其实长。

【分析】 如图 2-27(a)所示,直线 AB 与其水平投影 ab 确定了平面 $ABba$ 垂直于 H 面,在该平面内过点 B 作 ab 的平行线,交 Aa 于 A_0,则构成了一个直角三角形 $\triangle AA_0B$。由该直角三角形 $\triangle AA_0B$ 可知,直角边 $A_0B=ab$,另一直角边 AA_0 等于 A、B 两点到 H 面的距离之差,它的对角 $\angle ABA_0$ 即为空间直线 AB 对 H 面的倾角 α;斜边 AB 即为实长。由此,我们只要求出直角三角形 $\triangle ABA_0$ 的实形,就可求得一般位置直线 AB 对 H 面的倾角及其实长。

根据投影图,AB 的水平投影已知,即已知直角三角形的一直角边,另一直角边为 A、B 两点到 H 面的距离差,由正面投影可以求得,这样就可以作出直角三角形 $\triangle ABA_0$ 的实形了。

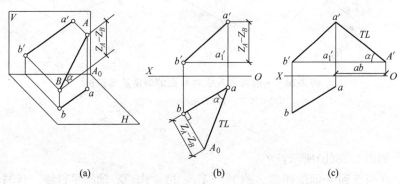

(a) (b) (c)

图 2-27 一般位置直线对 H 面的倾角及其实长
(a)立体图;(b)方法一;(c)方法二

【作图】

方法一 如图 2-27(b)所示:

1)求 A、B 两点到 H 面的距离之差 Z_A-Z_B:过 b' 作 OX 轴的平行线,且与 aa' 交于 a_1',则 $a'a_1'$ 等于 A、B 两点到 H 面的距离之差。

2)以 ab 为一直角边,$a'a_1'$ 为另一直角边,作直角三角形:过 b 作 ab 的垂线,在该垂线上截取 $bA_0=a'a_1'$,连接 aA_0,则 $\angle A_0ab$ 即为 AB 对 H 面的倾角 α,aA_0 的长度即为 AB 的实长 TL。

方法二 如图 2-27(c)所示:

1)过 b' 作 OX 轴的平行线,且与 aa' 交于 a_1',则 $a'a_1'$ 等于 A、B 两点到 H 面的距离之差。

2)在 $b'a_1'$ 的延长线上截取 $a_1'A'=ab$，并连接 $a'A'$，则 $\angle a'A'a_1'$ 即为 AB 对 H 面的倾角 α，$a'A'$ 的长度即为 AB 的实长 TL。

显然，在图 2-27(b) 中的 $\triangle A_0ab$，图 2-27(c) 中的 $\triangle a'A'a_1'$ 是两个全等三角形，且都等于图 2-27(a) 中的 $\triangle ABA_0$。

(2) 直线对 V 面的倾角 β 及其实长。

【分析】 如图 2-28(a) 所示，直线 AB 与其正面投影 $a'b'$ 确定了平面 $ABb'a'$ 垂直于 V 面，在该平面内过点 A 作 $a'b'$ 的平行线，交 Bb' 于 B_0，则构成了一个直角三角形 $\triangle AB_0B$。由该直角三角形 $\triangle AB_0B$ 可知，直角边 $AB_0=a'b'$，另一直角边 BB_0 等于 A、B 两点到 V 面的距离之差，它的对角 $\angle B_0AB$ 即为空间直线 AB 对 V 面的倾角 β；斜边 AB 即为实长。由此，只要求出直角三角形 $\triangle B_0AB$ 的实形，就可求得一般位置直线 AB 对 V 面的倾角及其实长。

根据投影图，AB 的正面投影已知，即已知直角三角形的一直角边，另一直角边为 A、B 两点到 V 面的距离差，由水平投影可以求得，这样就可以作出直角三角形 $\triangle B_0AB$ 的实形了。

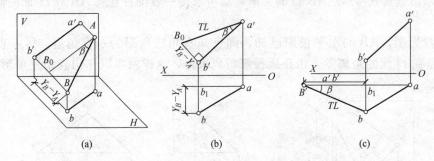

图 2-28　一般位置直线对 V 面的倾角及其实长
(a)立体图；(b)方法一；(c)方法二

【作图】

方法一　如图 2-28(b) 所示：

1)求 A、B 两点到 V 面的距离之差 Y_B-Y_A：过 a 作 OX 轴的平行线，且与 bb' 交于 b_1，则 bb_1 等于 A、B 两点到 V 面的距离之差。

2)以 $a'b'$ 为一直角边，bb_1 为另一直角边，作直角三角形：过 b' 作 $a'b'$ 的垂线，在该垂线上截取 $b'B_0=bb_1$，连接 $a'B_0$，则 $\angle B_0a'b'$ 即为 AB 对 V 面的倾角 β，$a'B_0$ 的长度即为 AB 的实长 TL。

方法二　如图 2-28(c) 所示：

1)过 a 作 OX 轴的平行线，且与 bb' 交于 b_1，则 bb_1 等于 A、B 两点到 V 面的距离之差。

2)在 ab_1 的延长线上截取 $b_1B'=a'b'$，并连接 bB'，则 $\angle bB'b_1$ 即为 AB 对 V 面的倾角 β，bB' 的长度即为 AB 的实长 TL。

显然，在图 2-28(b) 中的 $\triangle B_0a'b'$，图 2-28(c) 中的 $\triangle bB'b_1$ 是两个全等三角形，且都等于图 2-28(a) 中的 $\triangle ABB_0$。

一般位置直线对 W 面的倾角 γ 的求法，可依据求 α、β 的原理进行。不同的是，求 γ 角的时候是以直线的侧面投影为一直角边，以线上两端点到 W 面的距离差为另一直角边构建直角三角形的。

【小提示】 上述利用构建直角三角形求解一般位置直线对投影面的倾角及其实长的方法，称为直角三角形法。可见，对于一般位置直线来说，要求一直线对某投影面的倾角，就以直线在该投影面内的投影为一直角边，以直线两端点到该投影面的距离差为另一直角边，构建直角三角形；直角三角形的斜边即为所求一般位置直线的实长，斜边与该投影面投影的夹角即为所求一般位置直线对投影面的倾角。

【例 2-5】 如图 2-29(a)所示，已知一直线 AB 的正面投影 $a'b'$，以及 A 的水平投影 a，AB 的长度为 20，求 AB 的水平投影和 AB 对 V 面的倾角 β。

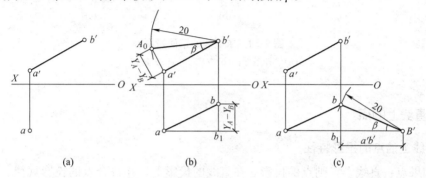

图 2-29 求直线的水平投影及 β 角
(a)已知条件；(b)方法一；(c)方法二

【分析】 由点的投影规律可知，B 的水平投影 b 与其正面投影 b' 的连线垂直于 OX 轴，因此只需求出 A、B 两点到 V 面的距离差，即它们的 Y 坐标差 $Y_A - Y_B$，就可得 b。根据直角三角形法的原理，以 $a'b'$ 为一直角边，斜边长为 20 作直角三角形，它的另一直角边就是 A、B 两点到 V 面的距离差，$Y_A - Y_B$ 所对的角即为直线 AB 对 V 面的倾角 β。本题有两解。

【作图】 如图 2-29(b)所示：

1)以 $a'b'$ 为一直角边，斜边长为 20 作直角三角形，即 $\triangle A_0 a'b'$，则 $A_0 a' = Y_A - Y_B$，它所对的 $\angle A_0 b'a' = \beta$。

2)过 b' 作 OX 轴的垂线，过 a 作 OX 轴的平行线，两线交点记作 b_1，然后沿 $b_1 b'$ 向后截取 $b_1 b = A_0 a'$，即得 B 的水平投影 b（若向前截取可得另一解）。

3)连接 a、b，即得直线 AB 的水平投影。

此题也可采用图 2-29(c)所示的方法求解。

【例 2-6】 如图 2-30(a)所示，已知直线 AB 的水平投影 ab 和点 B 的正面投影 b'，且直线 AB 对 H 面的倾角为 30°，求 AB 的正面投影 $a'b'$。

【分析】 已知点 B 的正面投影 b'，所以只要求出 A、B 两点到 H 面的距离差 $Z_A - Z_B$，即可确定点 A 的正面投影 a'。根据上述直角三角形法的原理，以 ab 为一直角边，作一锐角为 30°的直角三角形，30°角所对的直角边即为 A、B 两点到 H 面的距离差 $Z_A - Z_B$。

【作图】 如图 2-30(b)所示：

1)以 ab 为一直角边，作一锐角为 30°的直角三角形 $\triangle A_0 ab$，则直角边 $A_0 b$ 等于 A、B 两点到 H 面的距离差 $Z_A - Z_B$。

2)过 a 作 OX 轴的垂线，过 b' 作 OX 轴的平行线，两线相交于一点 a_1'；从 a_1' 向上截取 $a_1' a' = A_0 b$（向下截取可得另一解），得 a'。

3)连接 $a'b'$ 即得 AB 的正面投影。

此题也可采用图 2-30(c)所示的方法求解。

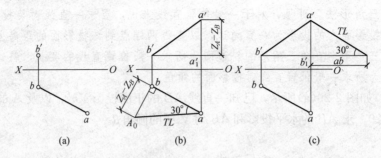

图 2-30　求直线的正面投影
(a)已知条件；(b)方法一；(c)方法二

四、直线上的点

1. 直线上的点的投影特性

(1)如果点在直线上，则点的投影必在直线的投影上，并符合点的投影规律。如图 2-31 所示，直线 AB 上的点 C，其投影 c、c'、c'' 分别落在 ab、$a'b'$、$a''b''$ 上，且 cc'、$c'c''$ 分别垂直于相应的投影轴。

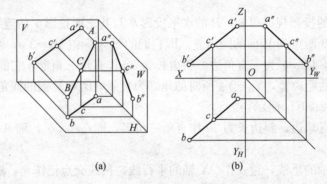

图 2-31　直线上的点
(a)立体图；(b)投影图

(2)点 C 分 AB 为 AC 和 CB 两段，点 C 的投影 c 也分 ab 为 ac、cb 两段。由于 Cc 平行于 Aa，也平行于 Bb，所以 $AC:CB=ac:cb$，同理可得 $AC:CB=a'c':c'b'=a''c'':c''b''$，即直线上的点分线段的比例投影后不变。这称为直线上的点的定比性。

【例 2-7】　已知直线 AB 的两面投影，如图 2-32(a)所示，试在直线上找到一点 C，使得 $AC:CB=4:3$，完成投影图。

【分析】　根据直线上的点的投影特性及定比性的性质，可知如果 $AC:CB=4:3$，则 $ac:cb=a'c':c'b'=4:3$。因此，只需用平面几何作图的方法，把 ab 或 $a'b'$ 分为 $4:3$，即可得点 C 的投影。

【作图】　如图 2-32(b)所示：

1)过 a 作一条直线，并从 a 点起，任取 7 等份，得 1、2、3、4、5、6、7 七个分点。

2)连接 b、7，再过第 4 分点作 $b7$ 的平行线，得 C 的水平投影 c。

3)过 c 作 OX 轴的垂直线，交 $a'b'$ 于 c'，即为 C 点的正面投影。

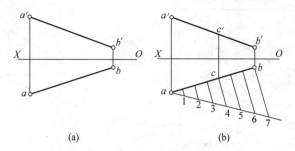

图 2-32　定比分线段
(a)已知直线 AB 的两面投影；(b)试在其上找到一到 C，使 $AC:CB=4:3$

【例 2-8】　如图 2-33(a)所示，已知侧平线 AB 和点 M 的两面投影，判断点 M 是否在侧平线 AB 上。

【分析】　根据直线上的点的投影特性可知，如果点 M 在直线 AB 上，那么点 M 的三面投影一定落在直线的同面投影上，且点分线段的比例不变，即 $am:mb=a'm':m'b'$。因此，可以用定比性来判断点 M 是否在直线上，也可根据第三面投影来判断。

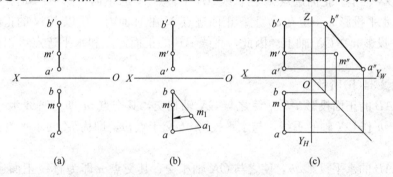

图 2-33　判断点是否在直线上
(a)已知侧平线 AB 和点 M 的两面投影；(b)方法一；(c)方法二

【作图】
方法一　如图 2-33(b)所示：
1)在直线的水平投影上过 b 任取一直线，令 $ba_1=b'a'$，$bm_1=b'm'$。
2)连接 aa_1，过 m_1 作 aa_1 的平行线，它与 ab 的交点不是 m，这说明 $am:mb\neq a'm':m'b'$。由此可判定点 M 不在直线 AB 上，只不过是与 AB 在同一侧平面内的点。
方法二　如图 2-33(c)所示：
分别求出直线 AB 和点 M 的侧面投影 $a''b''$ 和 m''，可以看出 m'' 不在 $a''b''$ 上，由此也可判定点不在直线 AB 上。

2. 直线的迹点

直线与投影面的交点，称为直线的迹点。与 H 面的交点，称为直线的水平迹点；与 V 面的交点，称为正面迹点；与 W 面的交点，称为侧面迹点。投影面垂直线只有一个迹点，即与垂直的投影面的交点；投影面平行线有两个迹点，即直线与其不平行的两投影面的交点；一般位置线有三个迹点，即水平迹点、正面迹点和侧面迹点。如图 2-34(a)所示，点 M、N 分别为直线 AB 的水平迹点和正面迹点。

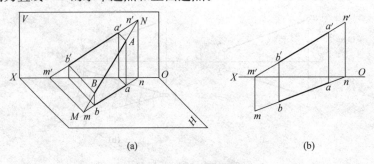

图 2-34 直线的迹点
(a)立体图；(b)投影图

因为迹点是直线与投影面的交点，它既是直线上的点，又是投影面内的点，所以，迹点的投影必定符合直线的投影规律，也符合投影面内点的投影特性。由图 2-34(a)可知，水平迹点 M 在直线 AB 上，则 M 的水平投影 m 一定落在直线 AB 的水平投影 ab 上，正面投影 m′一定落在 a′b′上；水平迹点 M 是在 H 面内，所以，点 M 的 H 投影 m 与 M 重合，正面投影 m′在 OX 轴上。正面迹点 N 在直线 AB 上，点 N 的正面投影 n′一定在 AB 的正面投影 a′b′上，水平投影 n 一定在 ab 上；正面迹点 N 在 V 面内，所以点 N 的正面投影 n′与 N 重合，水平投影 n 在 OX 轴上。因此，直线 AB 的正面迹点和水平迹点可以按下列方法求得。

作图如图 2-34(b)所示：

(1)延长 AB 的正面投影 a′b′，使之与 OX 轴相交，其交点 m′即为直线水平迹点 M 的正面投影。过 m′作 OX 轴的垂线，与水平投影 ab 交于点 m，即为 M 的水平投影，m 与 M 重合。

(2)延长 AB 的水平投影 ab，使之与 OX 轴相交，其交点 n 即为直线正面迹点 N 的水平投影。过 n 作 OX 轴的垂线，与正面投影 a′b′的延长线交于点 n′，即为 N 的正面投影，n′与 N 重合。

五、两直线的相对位置

空间两直线可能有三种不同的相对位置，即相交、平行和交叉。例如，在图 2-35 所示的厂房形体上，AB 与 BC 相交，既不平行也不交叉；CD 与 EJ 平行；BC 与 DE 交叉，既不平行也不相交。相交两直线或平行两直线都在同一平面上，所以它们都称为共面直线；交叉两直线不在同一平面上，所以称为异面直线。在相交两直线中，有斜交的，如 AD 和 DE，也有正交的，如 AH 和 HG 就是相互垂直的。交叉两直线也有垂直的，如 AH 和 BC。

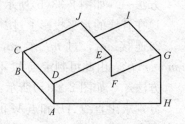

图 2-35 厂房形体

1. 平行两直线

根据正投影基本性质中的平行性可知，若空间两直线相互平行，则它们的同面投影也一定平行；反之，如果两直线的各面投影都相互平行，则空间两直线平行。如图 2-36 所示,已知 $AB/\!/CD$,则 $ab/\!/cd$,$a'b'/\!/c'd'$。

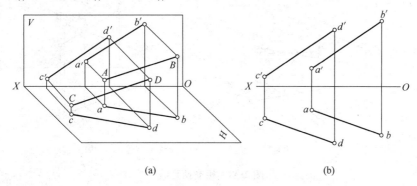

图 2-36 平行两直线
(a)立体图;(b)投影图

两直线平行的判定:
(1)若两直线的三组同面投影都平行,则空间两直线平行。
(2)若两直线为一般位置直线,则只需要有两组同面投影平行,就可判定空间两直线平行,如图 2-37 所示。

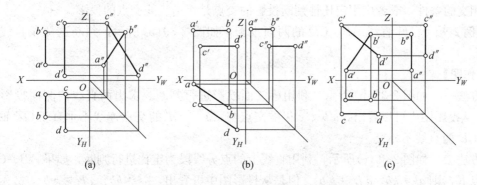

图 2-37 判定两投影面平行线是否平行
(a)AB 不平行于 CD;(b)$AB/\!/CD$;(c)AB 不平行于 CD

(3)若两直线同为某一投影面平行线,且在其平行的投影面上的投影彼此平行(或重合),则可判定空间两直线平行。

如图 2-37(a)所示,两条侧平线 AB、CD,虽然投影 $ab/\!/cd$,$a'b'/\!/c'd'$,但是不能判断 $AB/\!/CD$,还需求出它们的侧面投影来进行判断。从侧面投影可以看出,AB、CD 两直线不平行。同理,如图 2-37(b)、(c)所示,判定两条水平线、正平线是否平行,都应分别从它们的水平投影和正面投影进行判定。

2. 相交两直线

空间两直线相交,则它们的同面投影除了积聚和重影之外,必相交,且交点同属于两条直线,故满足直线上的点的投影规律。如图 2-38(a)所示,空间两直线 AB、CD 相交于点 K。因为交点 K 是这两条直线的公共点,所以,K 的水平投影 k 一定是 ab 与 cd 的交点,正面投影 k' 一定是 $a'b'$ 与 $c'd'$ 的交点。又因为 k、k' 是同一点 K 的两面投影,所以,如图 2-38(b)所示,连线 kk' 垂直于投影轴 OX 轴。

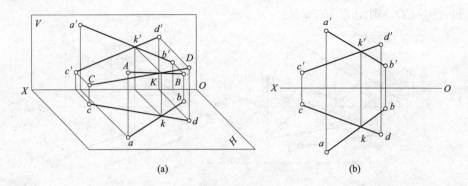

图 2-38 相交两直线

(a)直线 AB 和 CD 相交于 K；(b)连线 kk′垂直于 OX 轴

两直线相交的判定：

(1)若两直线的三面投影都相交，且交点满足直线上的点的投影规律，则两直线相交。

(2)若直线为一般位置直线，只要有两组同面投影相交，且交点满足直线上的点的投影规律，则两直线相交。

(3)若两直线中有投影面平行线，必须通过直线所平行的投影面上的投影判定直线是否满足相交的条件，或者应用定比性判断投影的交点是否为直线交点的投影。

【例 2-9】 已知直线 AB、CD 的两面投影，如图 2-39(a)所示，判断这两条直线是否相交。

【作图】

方法一 如图 2-39(b)所示，利用第三面投影进行判断。求出两直线的侧面投影 $a''b''$、$c''d''$，从投影图中可以看出，$a'b'$、$c'd'$ 的交点与 $a''b''$、$c''d''$ 的交点连线不垂直于 OZ 轴，故 AB、CD 两直线不相交。

方法二 如图 2-39(c)所示，利用直线上的点分线段为定比进行判断，如果 AB、CD 相交于点 K，则 $ak:kb=a'k':k'b'$，但是从投影图中可看出，$ak:kb \neq a'k':k'b'$，故两直线 AB、CD 并不相交。

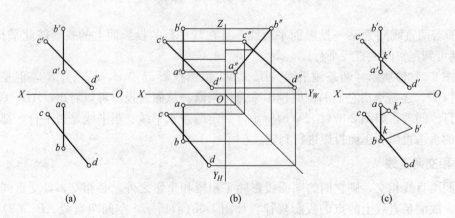

图 2-39 判断两直线是否相交

(a)已知两直线 AB、CD 的两面投影；(b)方法一；(c)方法二

【例 2-10】 已知两相交直线 AB、CD 的水平投影和部分正面投影,如图 2-40(a)所示,补全正面投影。

【分析】 因为空间直线 AB、CD 相交,所以,水平投影 ab 与 cd 的交点 k,即为直线交点 K 的投影。利用两直线相交的投影特性,可求得点 K 的正面投影 k',b' 必在 $a'k'$ 的延长线上。

【作图】 如图 2-40(b)所示:

(1)过水平投影 ab 与 cd 的交点 k,作 OX 轴的垂线,交 $c'd'$ 于 k'。
(2)连接 $a'k'$,并延长。
(3)过 b 作 OX 轴的垂线,与 $a'k'$ 的延长线相交于 b',$a'b'$ 即为直线 AB 的正面投影。

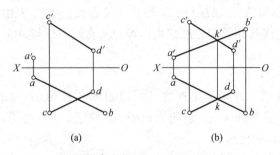

图 2-40 求相交直线的正面投影
(a)已知部分投影;(b)补全正面投影

3. 交叉两直线

空间两直线既不平行也不相交,称为两直线交叉。虽然交叉两直线的同面投影有时候可能平行,但不可能所有的同面投影都平行,如图 2-37(a)、(c)所示;交叉两直线的同面投影有时候也可能相交,但这个交点只不过是两直线上在同一投影面的两重影点的重合投影。如图 2-41 所示,交叉直线 AB、CD,正面投影的交点 $e'(f')$ 是直线 AB 上的点 E 和 CD 上的点 F 在 V 面的重影;水平投影的交点 h(g) 是直线 AB 上的点 G 和直线 CD 上的点 H 在 H 面上的重影。从投影图中可以看出,H 面投影的交点与 V 面投影的交点不在同一条铅垂线上,故空间两直线不是相交而是交叉。

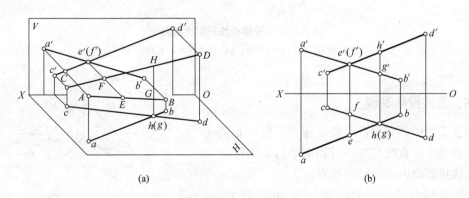

图 2-41 交叉两直线
(a)立体图;(b)投影图

交叉两直线有一个可见性的问题。从图 2-41(a)可以看出，点 G、H 是在 H 面的投影重影，点 H 在上，点 G 在下。也就是说，直线向 H 面投影时，在线 CD 的点 H 挡住了直线 AB 的点 G，因此，H 的水平投影 h 可见，而 G 的水平投影 g 不可见。在图 2-41(b)中，可根据两直线的水平投影的交点 $h(g)$ 引一条 OX 轴的垂线到 V 面，先遇到 $a'b'$ 于 g'，后遇到 $c'd'$ 于 h'，说明 AB 上的点 G 在下，CD 上的点 H 在上，因此，h 可见而 g 不可见。同理，向 V 面投影时，直线 AB 上的点 E 挡住了直线 CD 上的点 F，因此，在 V 面投影中，e' 可见，f' 不可见。

【例 2-11】 给出一个三棱锥各棱边的 V、H 投影，如图 2-42 所示，试判断轮廓线内的两条交叉棱边的可见性。

【分析】 如图 2-42 所示，三棱锥锥底的每一边与其所对的侧棱都可组成一组交叉直线，即 BC 与 AD、BD 与 AC、AB 与 CD 都是交叉直线。如图 2-42(a)所示，作三棱锥投影时，总有一组交叉直线落在投影轮廓线内，即交叉直线 BD 与 AC，需要对其可见性进行判断。

【作图】

(1)如图 2-42(b)所示，过两交叉直线 AC、BD 水平投影 ac、bd 的交点 I 向上引一条铅垂线，先遇到 $b'd'$，后遇到 $a'c'$，说明该点处 AC 在上，BD 在下，所以向 H 面投影时，ac 可见，而 bd 不可见，画虚线。

(2)如图 2-42(c)所示，过两交叉直线 AC、BD 正面投影 $a'c'$、$b'd'$ 的交点 II 向下引一条铅垂线，先遇到 ac，后遇到 bd，说明该点处 BD 在前，AC 在后，所以向 V 面投影时，$b'd'$ 可见，而 $a'c'$ 不可见，画虚线。

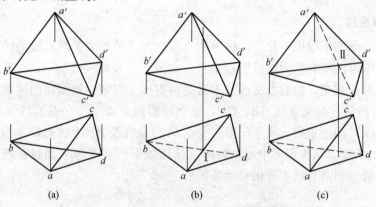

图 2-42　三棱锥棱线可见性的判定

(a)BD 与 AC 的可见性判断；(b)bd 不可见；(c)$a'c'$ 不可见

六、直角投影定理

相互垂直的两直线，可能是相交，也可能是交叉，若其中一直线与某一投影面平行，则这两直线在该投影面内的投影也垂直。

如图 2-43 所示，若 $AB \perp AC$，且 $AC // H$ 面，则 $ab \perp ac$。

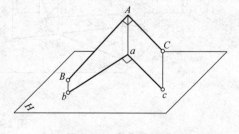

图 2-43　直角的投影

【证明】 因为 $AC/\!/H$ 面,所以 $AC/\!/ac$;

又因为 $AB \perp AC$,所以 $AB \perp ac$;

又因为 $Aa \perp H$ 面,所以 $Aa \perp ac$;所以 $ac \perp$ 平面 $ABba$;所以 $ab \perp ac$。

反之,如果两直线的某一同面投影相互垂直,且其中一直线平行于该投影面,则这两直线在空间也一定相互垂直。

【例 2-12】 如图 2-44(a)所示,已知点 A 和直线 BC 的投影,求点 A 到直线 BC 的距离。

【分析】 求 A 点到直线的距离,需要过 A 点作直线 BC 的垂线,点 A 到垂足 D 的距离即为点到直线的距离。从投影图中可得,直线 BC 是一条正平线,根据直角投影定理,AD、BC 的正面投影相互垂直,最后应用直角三角形法求出直线 AD 的实长。

【作图】 如图 2-44(b)所示:

(1)过 a' 作 $b'c'$ 的垂线,交 $b'c'$ 于 d'。

(2)过 d' 作 OX 轴的垂线,交 bc 于 d。

(3)用直角三角形法求 AD 的实长,即为点 A 到直线 BC 的距离。

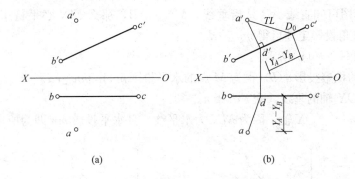

图 2-44 求点到直线的距离
(a)已知点 A 和直线 BC 的投影;(b)求 A 点到直线 BC 的距离

【例 2-13】 如图 2-45(a)所示,已知矩形 $ABCD$ 的顶点 A 在直线 EF 上,试补全该矩形的投影。

【分析】 因为矩形的四个角都是直角,所以有 $AB \perp BC$,由投影图可以看出直线 BC 是水平线,即 $BC/\!/H$ 面。根据直角投影定理,AB 的水平投影 ab 一定与水平线 BC 的水平投影相互垂直,即 $ab \perp bc$。因为点 A 在直线 EF 上,所以 A 点的投影一定在 EF 的投影上,据直线上的点投影特性得 A 的投影。由于矩形的投影一定是平行四边形,据平行性作平行四边形即得矩形的另一个顶点 D。

【作图】 如图 2-45(b)所示:

(1)过 b 作 $ba \perp bc$,交 ef 于 a。

(2)过 a 作 OX 轴的垂线,交 $e'f'$ 于 a'。

(3)分别以 a、b、c 和 a'、b'、c' 为顶点作平行四边形 $abcd$ 和 $a'b'c'd'$,即为所求矩形的水平投影和正面投影。

【例 2-14】 如图 2-46 所示,求交叉两直线 AB 与 CD 的距离。

【分析】 由初等几何知识可知,两交叉直线 AB 和 CD 的距离是两直线的公垂线 MN

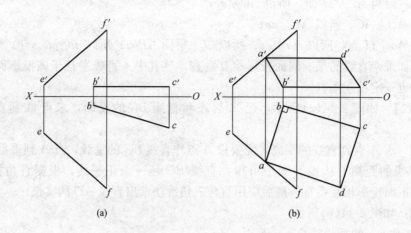

图 2-45 完成矩形 ABCD 的投影
(a)已知矩形 ABCD 的顶点 A 在直线 EF 上；(b)补全该矩形的投影

的实长。由投影图可知直线 AB 是铅垂线，$MN \perp AB$，那么 MN 必平行于 H 面；又因为 $MN \perp CD$，由直角投影定理可得 $mn \perp cd$。

【作图】 如图 2-46(b)所示：

(1)过 AB 的积聚投影 $a(b)$(也为 M 点的水平投影 m)作 $mn \perp cd$。

(2)过 n 作 OX 轴的垂线，交 $c'd'$ 于 n'。

(3)过 n' 作 $m'n' // OX$ 轴，因为 MN 为水平线，其水平投影 mn 即为所求距离的实长。

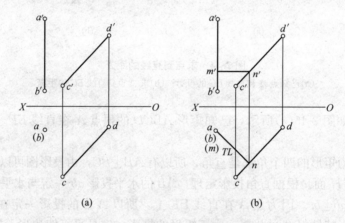

图 2-46 求两交叉直线的距离
(a)已知两交叉直线的投影；(b)求两直线的距离

任务实施

根据上述相关知识，求作直线 CD 的方法如下：

(1)直接求 AB 的实长，然后在直线上找到与某端点(如点 A)距离为 15 mm 的点 F，如图 2-47(b)所示。

(2)过点 C 作 AF 的平行线并取等长线，确定点 D，如图 2-47(c)所示。

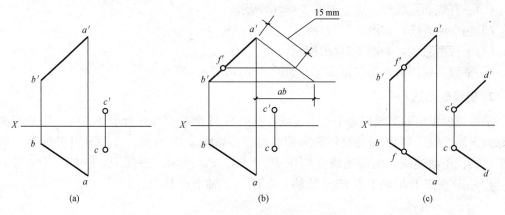

图 2-47 过已知点作已知直线的平行线

任务五 平面的投影

任务描述

平面常以确定该平面的点、直线或平面图形等几何元素表示。本任务要求在学习平面的投影规律的基础上，研究平面内的点和线的投影特性。

相关知识

一、平面的表示法

1. 几何元素表示法

下列各组几何元素均可表示一个平面：

(1) 不在同一直线上的三个点，如图 2-48(a) 所示。

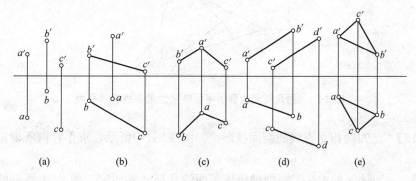

图 2-48 平面的几何元素表示法

(a) 不在同一直线上的三个点；(b) 一直线和直线外一点；(c) 相交两直线；
(d) 平行两直线；(e) 平面几何图形

(2) 一直线和直线外一点，如图 2-48(b)所示。

(3) 相交两直线，如图 2-48(c)所示。

(4) 平行两直线，如图 2-48(d)所示。

(5) 平面几何图形，如三角形等，如图 2-48(e)所示。

2. 迹线表示法

平面与投影面的交线称为平面的迹线，其中与 H 面的交线称为水平迹线；与 V 面的交线称为正面迹线；与 W 面的交线称为侧面迹线。如图 2-49 所示，若平面用 P 表示，则其水平迹线、正面迹线、侧面迹线分别用 P_H、P_V、P_W 表示。迹线 P_H 与 P_V、P_H 与 P_W、P_V 与 P_W 分别交于 X 轴上点 P_X、Y 轴上点 P_Y、Z 轴上点 P_Z。

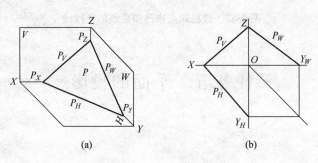

图 2-49 平面的迹线表示法

(a)立体图；(b)投影图

实际上，用迹线表示平面是用几何元素表示平面中相交两直线的一种特例，也就是说，P_H、P_V、P_W 实际上三条特殊的相交的直线。P_H 直线的水平投影和其本身重合，其正面投影落在 OX 轴上；P_V 直线的正面投影和其本身重合，其水平投影落在 OX 轴上。

【小提示】 用几何元素表示的平面可以转化为用迹线表示的平面。由图 2-50 可知，因为平面内的直线（M_1N_1 和 M_2N_2）的迹点必落在该平面的同面迹线上，所以，作平面的迹线可归结为作该平面内两相交直线迹点的问题。

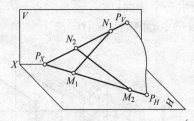

图 2-50 用几何元素表示平面转化为用迹线表示平面

【例 2-15】 已知两相交直线的两面投影，如图 2-51(a)所示，求作它们所确定的平面的迹线。

【分析】 平面迹线的求法，根据确定该平面的几何元素而定。图 2-51 所示的平面由相交两直线 AB 和 CD 确定，这时只需要分别求出两相交直线的迹点，将两组同面迹点连接起来，即为平面的迹线。

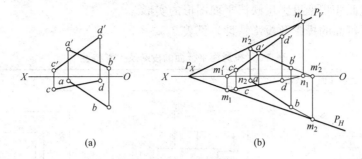

(a)　　　　　　　　　　　　　(b)

图 2-51　求作平面迹线

(a)已知两相交直线的两面投影；(b)求作它们所确定的平面的迹线

【作图】 如图 2-51(b)所示：

(1)求出 AB、CD 的水平迹点 M_1M_2 和正面迹点 N_1N_2 的两面投影。

(2)连接同面迹点即得水平迹线 P_H 和正面迹线 P_V。

经常用迹线表示特殊位置平面，如图 2-52 所示。

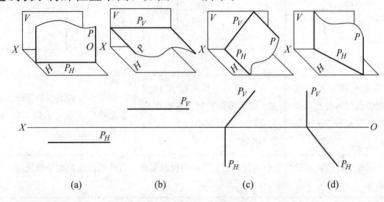

(a)　　　　(b)　　　　(c)　　　　(d)

图 2-52　用迹线表示特殊位置平面

(a)迹线表示正平面；(b)迹线表示水平面；(c)迹线表示正垂面；(d)迹线表示铅垂面

【小提示】 空间平面对投影面有三种不同位置，即平行、垂直和一般位置。在建筑形体上的平面，以投影面平行面和投影面垂直面为主。

二、投影面的平行面

1. 空间位置

投影面平行面平行于一个投影面，因此，垂直于其他两个投影面。平行于 H 面的称为投影面水平面；平行于 V 面的称为投影面正平面；平行于 W 面的称为投影面侧平面。

2. 投影特性

投影面平行面在其平行的投影面内的投影，反映该平面图形的实形；由于投影面平行面又垂直于其他两个投影面，所以在其他两投影面内的投影积聚为一直线，且平行于相应的投影轴。

3. 读图

一平面只要有一投影积聚为一条平行于投影轴的直线，该平面就平行于非积聚投影所在的投影面,且此非积聚投影反映该平面图形的实形。

各投影面平行面的投影及投影特性,见表2-3。

表2-3 投影面平行面的投影及投影特性

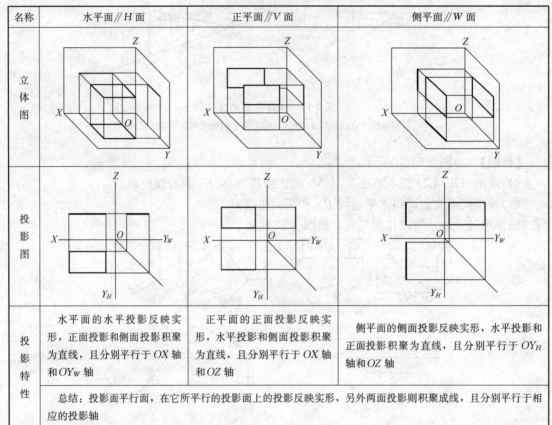

三、投影面的垂直面

1. 空间位置

投影面垂直面垂直于一个投影面,倾斜于其余投影面。垂直于 H 面的称为铅垂面;垂直于 V 面的称为正垂面;垂直于 W 面的称为侧垂面。

2. 投影特性

投影面垂直面在其垂直的投影面内的投影积聚为一条斜直线,斜直线与相应投影轴的夹角反映了该平面对投影面的倾角。平面对投影面的倾角是指平面与投影面所夹的二面角。投影面垂直面在另两个投影面内的投影反映平面的类似形,且均比原平面实形小。

所谓类似形,是当平面与投影面倾斜时,它在该投影面上的投影与原平面图形的形状类似,即边数不变、平行不变、曲直不变、凹凸不变,但不是原平面图形的相似形。为与初等几何中的相似形作区分,故在画法几何中称为类似形。

3. 读图

一平面只要有一面投影积聚为一斜直线,则该平面必垂直于积聚投影所在的投影面。

各投影面垂直面的投影及投影特性,见表2-4。

表 2-4 投影面垂直面的投影及投影特性

名称	铅垂面⊥H 面	正垂面⊥V 面	侧垂面⊥W 面
立体图			
投影图			
投影特性	铅垂面的水平投影积聚为一条斜直线，且反映 β、γ 角；正面投影、侧面投影为平面图形的类似形	正垂面的正面投影积聚为一条斜直线，且反映 α、γ 角；水平投影、侧面投影为平面图形的类似形	侧垂面的侧面投影积聚为一条斜直线，且反映 α、β 角；水平投影、正面投影为平面图形的类似形
	总结：投影面垂直面，在它所垂直的投影面上的投影积聚成线，同时反映它和另外两个投影面的夹角，另外两个投影面的投影都是缩小的类似形		

四、投影面的一般位置平面

1. 空间位置

投影面的一般位置平面对三个投影面都是倾斜的。

2. 投影特性

因为一般位置平面倾斜于投影面，所以，三面投影都不反映实形，也没有积聚投影，而是反映原平面图形的类似形，如图 2-53 所示。

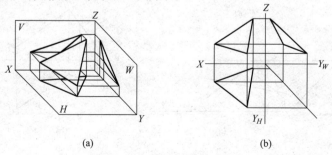

(a)　　　　　　　　　(b)

图 2-53 投影面一般位置平面
(a)立体图；(b)投影图

3. 读图

一平面的三面投影如果都是平面图形，则它必是一般位置平面。

任务实施

根据上述相关知识，进一步研究平面内的点和线的投影特性，具体如下所述。

1. 平面内的点

(1)点在平面内的几何条件。如果点在平面内的一条直线上，则点必在平面内。

(2)投影特性。如果点的投影在平面内的某一直线的同面投影上，且符合直线上的点的投影规律，则点必在平面内。例如，如图 2-54 所示，点 M 的投影在平面 P 内的一条直线 AB 上，M 点必在平面 P 内。

(3)在平面内取点的方法。先在平面内取线，再在线上定点。

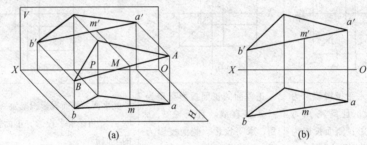

图 2-54　平面内的点

(a)点 M 的投影在平面 P 内的一条直线 AB 上；(b)M 点必在平面 P 内

2. 平面内的线

(1)直线在平面内的几何条件。

1)如果直线通过已知平面内的两个点，则直线一定在已知平面内。

2)如果直线通过已知平面内的一点，且和平面内的某一直线平行，则该直线一定在已知平面内。

(2)投影特性。

1)如果直线的投影通过已知平面内两点的同面投影，如图 2-55 所示，则该直线一定在平面内。

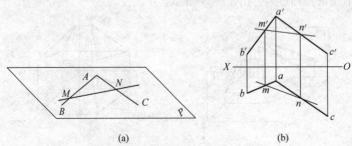

图 2-55　平面内的直线——过平面内的两点

(a)直线投影过已知平面内两点的同面投影；(b)直线在平面内

2)如果直线的投影通过平面内一点,且平行于平面内一直线的同面投影,如图 2-56 所示,则直线必在已知平面内。

(3)平面内取线的方法。

1)过平面内两点,如图 2-55 所示,过平面 P 内两点 M、N 作直线 MN,则直线 MN 必在已知平面 P 内。

2)过平面内一点作平面内任意一条直线的平行线。如图 2-56 所示,过平面 P 内任意一点 M,作平面内任意直线 AC 的平行线 MN,MN 一定在平面 P 内。

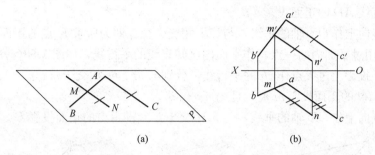

图 2-56 平面内的直线——过平面内一点作平面内任意直线的平行线
(a)直线投影过平面内一点,且平行于平面一直线的同面投影;(b)直线在已知平面内

【**例 2-16**】 已知平面图形 $\triangle ABC$ 的投影,如图 2-57 所示,试过其顶点 A,在该平面内任取一条直线。

【**分析**】 已知点 A 是 $\triangle ABC$ 内一点,根据直线在平面内的几何条件,只要在 $\triangle ABC$ 内再确定一点(如在 BC 边上任取一点 D),则 A、D 的连线必在 $\triangle ABC$ 平面内;或者过点 A 作直线 L,与 $\triangle ABC$ 内的任一已知直线(如 BC)相平行,则直线 L 也必在平面内。

【**作图**】

方法一 如图 2-57(b)所示:

根据直线上的点的投影特性,作出 BC 上任一点的投影 d、d',分别连接 a、d 和 a'、d',则直线 $AD(ad, a'd')$ 必在 $\triangle ABC$ 内。

方法二 如图 2-57(c)所示:

分别过 A 的水平投影 a 和正面投影 a' 作直线 $l /\!/ bc$,$l' /\!/ b'c'$,则直线 $L(l, l')$ 也必在 $\triangle ABC$ 平面内。

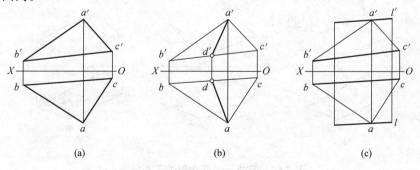

图 2-57 平面内取线
(a)$\triangle ABC$ 的投影;(b)作直线 $AD(ad, a'd')$;(c)作直线 $L(l, l')$

【例 2-17】 已知△ABC 内一点 K 的水平投影 k，如图 2-58 所示，求其正面投影 k'。

【分析】 点 K 在△ABC 平面内，它必在该平面内的一条直线上，且 k、k' 也一定分别位于该直线的同面投影上。因此，要求点 K 的投影，需要先在平面内确定 K 点所在的直线的投影。

【作图】
方法一 用平面内的已知两点确定 K 点所在直线，如图 2-58(b)所示：
(1)在水平投影中过 k 点任意作一条直线 ad。
(2)求作直线 AD 的正面投影 $a'd'$。
(3)过 k 点向上作 OX 轴的垂线，与 $a'd'$ 相交，交点即为所求 K 点的正面投影 k'。
方法二 用过平面内的一点，作平面内已知直线的平行线，如图 2-58(c)所示：
(1)在水平投影上过 k 点作 ab 的平行线，分别与 ac、bc 相交于 m、n。
(2)求作 MN 的正面投影 $m'n'$，且 $m'n'$ // $a'b'$。
(3)过 k 点向上作 OX 轴的垂线，与 $m'n'$ 交于 k'，即得点的正面投影 k'。

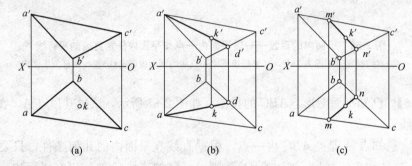

图 2-58 平面内取点
(a)△ABC 的投影；(b)方法一；(c)方法二

【例 2-18】 已知平面四边形 ABCD 的水平投影 abcd 和正面投影 $a'b'd'$，如图 2-59(a)所示，试完成该四边形的正面投影。

【分析】 已知四边形 ABCD 为一平面图形，所以，点 C 必在 AB、AD 两相交直线所确定的平面内，则点 C 的正面投影 c' 可应用平面内取点的方法求得。

【作图】 如图 2-59(b)所示：
(1)连接 BD 的同面投影 b、d 和 b'、d'。

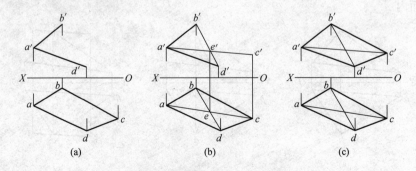

图 2-59 完成平面四边形的正面投影
(a)四边形投影已知条件；(b)作图；(c)完成正面投影

(2)连接 A、C 的水平投影 a、c，与 bd 相交于 e(ae 即为平面内过 C 点的直线 AE 的水平投影)。

(3)求出 AE 的正面投影 $a'e'$，则 c' 必在 $a'e'$ 的延长线上。

(4)过 c 点向上作 OX 轴的垂线，与 $a'e'$ 的延长线相交，即得 c'。

(5)分别连接 $b'c'$ 和 $c'd'$，即得平面四边形 $ABCD$ 的正面投影，如图 2-59(c)所示。

3. 平面内的特殊位置直线

(1)平面内投影面的平行线。平面内投影面的平行线有平面内的水平线、正平线和侧平线三种。它们既符合平面内的直线的几何条件，又符合投影面平行线的投影特性。

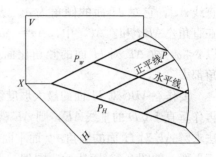

图 2-60 平面内投影面的平行线

如图 2-60 所示，平面内的所有水平线都彼此平行，且平行于平面的水平迹线；平面内的所有正平线都彼此平行，且平行于平面的正面迹线；同理，平面内的所有侧平线都彼此平行，且平行于平面的侧面迹线。

【例 2-19】 已知△ABC 的两面投影，如图 2-61(a)所示，试在△ABC 内作一条距 H 面为 15 的水平线。

【分析】 水平线的正面投影平行于 OX 轴，它到 OX 轴的距离等于水平线到 H 面的距离，作出距离为 15 的一条。

【作图】 如图 2-61(b)所示：

1)在△ABC 的正面投影上作一距离 OX 轴为 15 的平行线，分别与 $a'b'$、$a'c'$ 相交于 m'、n'，$m'n'$ 即为所求 MN 的正面投影。

2)求直线的水平投影：过 m'、n' 向下作 OX 轴的垂线，分别与 ab、ac 相交于 m、n，连接 mn 为 MN 的水平投影。

直线 MN 通过△ABC 平面内的两点 M、N，其正面投影 $m'n'$∥OX 轴，且距离为 15，故直线 MN 为△ABC 内距离 H 面 15 的水平线。

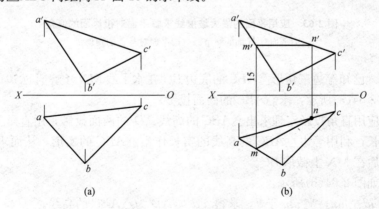

图 2-61 作平面内的水平线
(a)△ABC 的两面投影；(b)△ABC 内作一条距 H 面为 15 的水平线

(2)平面上的最大坡度线。平面上对某投影面的最大坡度线，就是在该平面内对该投影面倾角最大的一根直线。它必然垂直于平面内平行于该投影面的所有直线,包括该平面与该投影面的交线即平面的迹线。

如图2-62所示,平面P内的直线AB,是平面P上对H面倾角最大的直线。它垂直于水平线DE以及H面的水平迹线P_H。AB对H面的倾角α,就是平面P对H面的倾角。设平面P内过点A另一条任意直线AC,它对H面的倾角为δ。从图中可以看出,在直角$\triangle ABa$和$\triangle ACa$中,$Aa=Aa$,$AC>AB$,所以$\delta<\alpha$,故AB对H面的倾角比面上任何直线的倾角都大。

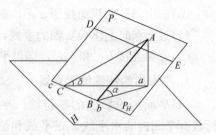

图2-62 平面最大坡度线的概念

要作$\triangle ABC$对H面的最大坡度线,如图2-63(a)所示,可先作$\triangle ABC$内的水平线CD,再作垂直于CD的垂线AE,则AE就是所求的对H面的最大坡度线,最后应用直角三角形法求解AE对H面的倾角α。而平面内对V面的最大坡度线,必然垂直于该平面内的任一正平线,如图2-63(b)所示;同理,平面内对W面的最大坡度线,必然垂直于该平面内的任一侧平线。

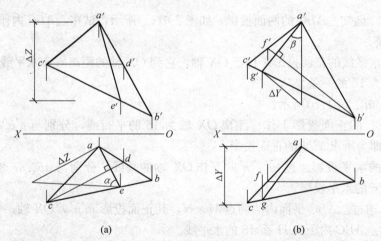

(a)　　　　　　　　　　　(b)

图2-63 应用平面的最大坡度线求解平面对投影面的倾角
(a)平面对H面的倾角α;(b)平面对V面的倾角β

【例2-20】 已知等边三角形$\triangle ABC$的底边BC在水平线MN上,且已知点A的H、V面投影,如图2-64(a)所示,求$\triangle ABC$的两面投影。

【分析】 应用直角投影定理求出$\triangle ABC$的高线AD的两面投影,用直角三角形法求出高线AD的实长,利用等边$\triangle ABC$的高线的实长作出$\triangle ABC$的实形,从而求出$\triangle ABC$边长的实长,最后在MN上截取BC。

【作图】 如图2-64(b)所示:

1)过a作$ad \perp mn$,交mn于d,求得$a'd'$,AD为$\triangle ABC$的高线。

2)以$a'd'$、ΔY_{AD}为直角边作直角三角形$\triangle a'd'A_0$,其中斜边$d'A_0$即为AD的实长。

3)在V面投影中利用高线AD的实长$d'A_0$作出等边$\triangle ABC$的实形,图中$\triangle d'A_0D_0$即为等边$\triangle ABC$的一半,另一半可省略。

4)在mn上截取$cd=bd=A_0D_0$,再由b、c求出b'、c'。

5)连接 ab、ac、$a'b'$、$a'c'$，$\triangle a'b'c'$ 即为所求。

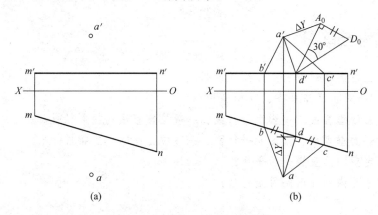

图 2-64 求等边三角形的投影
(a)已知条件；(b)求△ABC 的两面投影

▶ 项目小结

本项目主要介绍了投影的基础知识，包括投影的形成与分类，三面正投影图的投影规律，点、线、面的三面投影规律等内容。

(1)产生投影必须具备三个条件：
1)投影线；
2)投影面；
3)空间形体(包括点、线、面等几何元素)。
(2)投影法分为中心投影法和平行投影法两类。
(3)正投影具有积聚性、平行性、定比性、全等性等投影特性。
(4)只要给出点的两面投影，就可以根据它的投影求出它的第三面投影。
(5)投影面垂直线在其所垂直的投影面上的投影，积聚为一点。其他两面投影垂直于相应的投影轴，并反映直线的实长。投影面平行线在其平行的投影面内的投影是倾斜的，反映实长。该斜投影与投影轴的夹角，反映投影面平行线对相应投影面的倾角的实形；其余两个投影，平行于相应的投影轴。一般位置直线对各投影面都倾斜，在各投影面内的投影都倾斜于投影轴，对相应投影面的倾角在投影面中都不反映实形。
(6)空间两直线可能有三种不同的相对位置，即相交、平行和交叉。
(7)投影面平行面在其平行的投影面内的投影，反映该平面图形的实形；在其他两投影面内的投影积聚为一直线，且平行于相应的投影轴。投影面垂直面在其垂直的投影面内的投影积聚为一条斜直线，斜直线与相应投影轴的夹角反映了该平面对投影面的倾角；投影面垂直面在另两个投影面内的投影反映平面的类似形，且均比原平面实形小。一般位置平面倾斜于投影面，所以，三面投影都不反映实形，也没有积聚投影，而是反映原平面图形的类似形。

> 思考与练习

1. 什么是正投影和斜投影？试绘图说明。
2. 什么是"长对正、高平齐、宽相等"？
3. 简述投影面垂直线、投影面平行线、一般位置直线的投影特性。
4. 简述投影面垂直面、投影面平行面、一般位置面的投影特性。
5. 如何判定空间两直线是否平行？
6. 直线在平面内的几何条件是什么？

项目三　工程立体的投影

> 知识目标

通过本项目的学习，掌握棱柱、棱锥、棱台等平面立体的投影及其应用，掌握圆柱体、圆锥体、圆球体、圆环体等曲面立体的投影及其应用，了解立体的截断与相贯的概念，熟练掌握组合体的画法。

> 能力目标

能绘制基本平面立体和曲面立体的投影图，能绘制组合体三视图；能读图，会补图。

任务一　平面立体的投影

> 任务描述

平面立体的表面由若干平面（多边形）围成，立体的每个表面都是平面多边形，称为棱面。棱面的交线，称为棱线，棱线的交点称为顶点。由于它们所处位置不同，还可以有其他名称，如顶面、底面、侧面、端面和底边、侧棱等。平面立体的投影，实际上可归结为棱面、棱线和顶点的投影。作平面立体表面上的点和线的投影时，应遵循点、线、面、体之间的从属性关系。

本任务要求学生通过棱柱、棱锥、棱台三种典型平面立体的投影的学习，完成以下问题的作图：

如图 3-1 所示，已知三棱柱的三面投影和三棱柱侧棱面上的直线 AB 和 BC 在 V 面上的投影 $a'b'$、$b'c'$，求 AB、BC 在其他两个面的投影，要求清楚地表达所求直线投影的可见性。

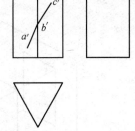

图 3-1　求三棱柱表面上的直线

> 相关知识

一、棱柱的投影及应用

棱柱是指上、下底面互相平行，其余每相邻侧面交线互相平行的平面立体，常见的棱柱有正六棱柱、正四棱柱、正三棱柱等。

· 59 ·

1. 棱柱的投影

以正四棱柱为例说明棱柱的投影规律及其投影图的作法。

(1)形体分析。正四棱柱由左右面、前后面、上下面六个平面构成，上、下表面即顶面和底面是方形且互相平行，四个矩形侧面互相全等且与底面垂直。正四棱柱的四条棱线与底面垂直，长度相等且等于棱柱高。

(2)选择摆放位置。为了更好地表达正四棱柱的表面形状，应正确选择正四棱柱的摆放位置，如图 3-2(a)所示。将底面放置成水平面，左、右侧面为侧平面，前、后面的为正平面。

(3)投影分析。水平投影：正四棱柱的水平投影为正方形，因为正四棱柱顶、底面是水平面，其投影在 H 面显示为实形；它既是顶、底面的重叠投影，又是四个棱面的积聚投影，正方形的四个顶点还是四条棱线的积聚投影。

正面投影：正四棱柱的正面投影为竖放的矩形，因为正四棱柱前、后面是正平面，其投影在 V 面显示为实形；矩形上、下两条边是正四棱柱的上、下两底面的积聚投影，左、右两条边是左、右棱面的积聚投影。

侧面投影：正四棱柱的侧面投影是竖放的矩形，因为左、右面是侧平面，其投影在 W 面显示为实形；矩形上、下两条边是正四棱柱的上、下两底面的积聚投影，左、右两条边是后、前棱面的积聚投影。

(4)作图步骤。正四棱柱的三面投影图的作图步骤如图 3-2(b)所示。

1)根据视图分析先绘制正四棱柱的 H 面投影，即边长为正四棱柱上、下底面边长的正方形。

2)根据投影规律中的"长对正"绘制正四棱柱的 V 面投影，即底边长为正四棱柱上、下底面边长、高度为正四棱柱棱线长度的矩形。

3)根据投影规律"宽相等、高平齐"绘制正四棱柱的 W 面投影，即底边长为正四棱柱上、下底面边长、高度为正四棱柱棱线长度的矩形。

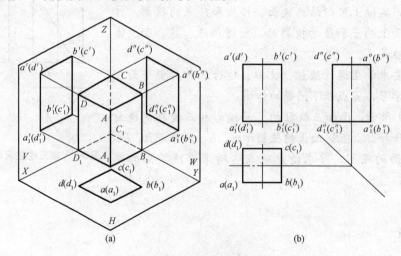

图 3-2 正四棱柱的投影图

(a)直观图；(b)投影图

2. 棱柱投影的应用

在棱柱体的表面取点和线，可以利用积聚性作图。如图 3-3 所示，在正六棱柱左前表面上有一点 M，其 V 面投影为 m'，已知 M 点所在棱面的 H 面投影有积聚性，故可利用积聚性先求出 m，然后根据点的投影规律求出 m''。

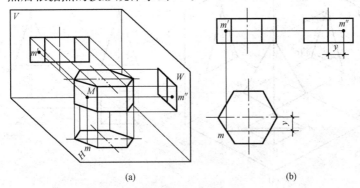

图 3-3　正六棱柱表面上的点
(a)直观图；(b)投影图

二、棱锥的投影及应用

棱锥是指底面是多边形，各个棱面都是有一个公共顶点的三角形的平面体，常见的棱锥有三棱锥、四棱锥等。

1. 棱锥的投影

以正四棱锥为例说明棱锥的投影规律及其投影图的作法。

(1)形体分析。正四棱锥底面是正方形，四个棱面为四个全等的等腰三角形，共由五个平面构成。

(2)选择摆放位置。为了更好地表达正四棱锥的表面形状，应正确选择正四棱锥的摆放位置，如图 3-4(a)所示，将底面放置成水平面，左、右棱面为正垂面，前、后棱面的为侧垂面。

(3)投影分析。水平投影：水平投影是正方形。因为底面是水平面，其投影在 H 面显示为实形；锥形的顶点在正方形的正中，四个棱面的投影具有类似性并将正方形分割为四个全等的三角形。

正四棱锥的正面投影是正面投影：等腰三角形，底边是正四棱锥底面的积聚投影，左右两条边既是左、右锥面(正垂面)的积聚投影，也是前、后锥面(侧垂面)，在 V 面显示为类似性，即为等腰三角形。

侧面投影：正四棱锥的侧面投影是等腰三角形，底边是正四棱锥底面的积聚投影，左右两条边即是后、前锥面(侧垂面)的积聚投影，也是左、右锥面(正垂面)，在 W 面显示为类似性，即为等腰三角形。

(4)作图步骤。正四棱锥的三面投影图的作图步骤如图 3-4(b)所示。

1)根据视图分析先绘制正四棱锥的 H 面投影，即边长为正四棱锥底面边长的正方形；

2)由投影规律中的"长对正"，绘制正四棱锥的 V 面投影，即底边长为正四棱锥底面边长、高度为正四棱锥高度的等腰三角形；

3) 根据投影规律"宽相等、高平齐",绘出正四棱锥的 W 面投影,即底边长为正四棱锥底面边长、高度为正四棱锥高度的等腰三角形。

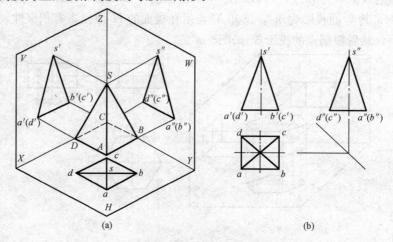

图 3-4　正四棱锥的投影图
(a)直观图;(b)投影图

2. 棱锥投影的应用

在棱锥表面上取点,首先要分析点所在表面的空间位置。特殊位置表面上的点可利用积聚性法作图。一般位置表面点的作图可利用辅助线法。如果点在棱线上,则利用点的从属性作图。

图 3-5 中,M 点是棱面 $\triangle SAC$ 上的点,不在其棱边上,故在该表面上过 M 点作辅助线 SD,作出 SD 的各投影,即再作出 M 点的各投影。

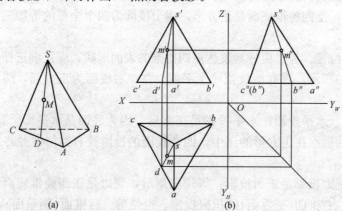

图 3-5　正三棱锥表面上的点
(a)直观图;(b)投影图

三、棱台的投影

棱台是指将棱锥体用平行于底面的平面切割后去掉上部,余下的部分,常见的棱台有三棱台、四棱台等。

以四棱台为例说明棱台的投影规律及其投影图的作法。

将四棱台置于三面投影体系中，如图 3-6(a)所示，其投影图如图 3-6(b)所示。

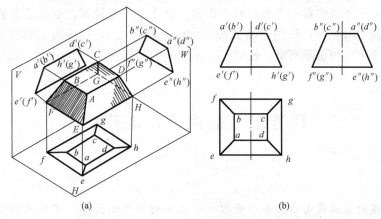

图 3-6 棱台的投影
(a)直观图；(b)投影图

任务实施

【分析】 首先观察图 3-1 中 AB、BC 直线两个端点在其他两个投影面的投影位置。点 A 在左前棱面上，点 B 在前棱上，点 C 在右前棱面上，它们在 V 面投影中均可见。在 H 面投影中前左棱面积聚成一直线，过 a' 直接向 H 面投影引投影连线与前左棱面的积聚投影相交就可得到点 a。同理，也可得到点 c。前棱线在 H 面上积聚成一点，点 b 也就在这个点上。在得到 H 投影面上的点 a、b、c 后，就可以通过以下两种方法求得 a''、b'' 和 c''。

【作图】

作法一 通过 45°辅助线，由 A、C 在 H、V 两个投影面上的有关投影分别向 W 面投影面引投影线，相交得到点 a''、c''，点 b'' 则由 b' 向 W 面直接引投影连线与前棱 W 面投影相交得到，如图 3-7(a)所示。

作法二 量取点 a、c 距棱锥后棱面的宽度距离 y_1 和 y_2，直接在由 V 面投影引出的投影连线上按宽相等和前后对应量取得到点 a''、c''。点 B 在 W 面上的投影仍由上述方法得到，如图 3-7(b)所示。

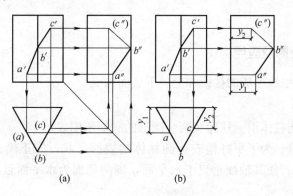

图 3-7 作三棱柱表面上的直线
(a)作法一；(b)作法二

得到 A、B、C 的三面投影后，就可得到相应直线的三面投影。如何来判断这些直线的可见性呢？只要一条直线有一个端点在投影面上处于不可见位置，那么这条直线在相应投影面上的投影就不可见。在作图时将其画为虚线。点 C 在 W 投影面上的投影不可见，所以，BC 在 W 面上的投影不可见，就把线段 $b''c''$ 画为虚线。

任务二　曲面立体的投影

任务描述

由曲面围成的立体或由曲面和平面围成的立体称为曲面立体。常见的曲面立体有圆柱体、圆锥体和球体。它们都是由母线（或称素线）绕轴线旋转一周形成。本任务要求学生通过对常见曲面立体投影的学习，完成以下问题的作图：

如图 3-8 所示，已知圆柱表面上的曲线 mn 的正面投影 $m'n'$，求其水平投影和侧面投影。

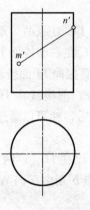

图 3-8　求圆柱表面上直线

相关知识

一、圆柱体的投影及应用

圆柱体由素线绕轴线形成的柱面和上、下底面构成。

1. 圆柱体的投影

(1)形体分析。圆柱体由圆柱面和两个圆形的底面所围成。

(2)选择摆放位置。为了更好地表达圆柱体的表面形状，应正确选择圆柱体的摆放位置，如图 3-9(a)所示，使其轴线垂直于水平面，则两底面为水平面且互相平行，圆柱面为铅垂面。

(3)投影分析。水平面投影：圆柱体的水平投影是半径为圆柱体底面半径的圆形，它既是两底面的重合投影（实形），又是圆柱面的积聚投影。

正面投影：圆柱体的正面投影是矩形，其上下两边线长为圆柱体底面直径，为上下两底面的积聚投影；左右两边线高度为圆柱体的高度，是圆柱面的左右两条轮廓素线。

侧面投影：圆柱体的侧面投影是矩形，其上下两边线为上下两底面的积聚投影，而左右两边线则是圆柱面的后前两条轮廓素线。该矩形与 V 面投影全等，但含义不同。V 面投影中的矩形线框表示的是圆柱体中前半圆柱面与后半圆柱面的重合投影，而 W 面投影中的矩形线框表示的是圆柱体中左半圆柱面与右半圆柱面的重合投影。

(4)作图步骤。圆柱体投影的作图步骤如图 3-9(b)所示。

1)按"长对正、宽相等"作圆柱体三面投影图的轴线和中心线；

2)在 H 面中，作半径与圆柱体底面半径相同的投影圆；

3)在 V 面中，由"长对正"和高度作底边长为圆柱体底面直径、高度为圆柱体高度的矩形；

4)在 W 面中，同理，由"高平齐，宽相等"作矩形。

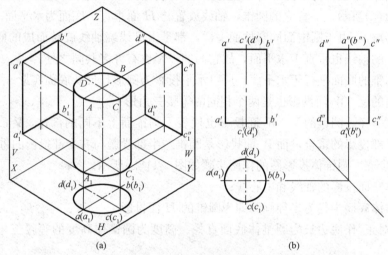

图 3-9　圆柱体的投影图

(a)直观图；(b)投影图

2. 圆柱体投影的应用

在圆柱体表面上取点，可利用圆柱表面的积聚性投影来作图。如图 3-10(a)所示，在圆柱体左前方表面上有一点 M，其侧面 m'' 在水平中心线上的半个圆周上。水平投影 m 在矩形的下半边，并且可见。正面投影 m' 也在矩形的上半边，仍为可见。

如果已知点 M 的正面投影 m' 如图 3-10(b)所示，求其他两投影时，可利用圆柱的积聚投影，先过 m' 作 OZ 轴的垂线，与侧面投影上半个圆周交于 m''，即为点 M 的侧面投影，再利用已知点的两面投影求出点 M 的水平投影 m。

二、圆锥体的投影及应用

圆锥体是由圆锥面和底面所围成的。

1. 圆锥体的投影

(1)形体分析。圆锥体由圆锥面和底面围成。

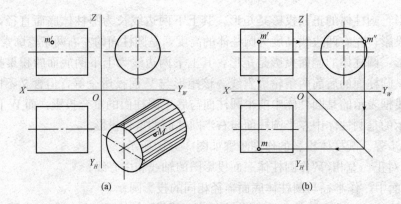

图 3-10 圆柱表面取点

(2)选择摆放位置。为了更好地表达圆锥体的表面形状,应正确选择圆锥体的摆放位置,如图 3-11(a)所示,一直立的圆锥,轴线放置与 H 面垂直,底面为水平面。

(3)投影分析。由于圆锥面同圆柱面一样,都是由母线绕轴线旋转而成的回转曲面,且本例中圆锥体的轴线也垂直于水平面,故它们的投影也有许多共同之处。

1)因为圆锥的底面平行于水平面,所以水平投影为圆形且反映底面实形;

2)圆锥面的 V、W 面投影也是两个相同的等腰三角形;

3)同圆柱一样,圆锥的 V、W 面投影也代表了圆锥面上不同的部位,V 面投影是前半部投影与后半部投影的重合,而 W 面投影是圆锥左半部投影与右半部投影的重合。

(4)作图步骤。圆锥体投影图的作图步骤如图 3-11(b)所示。

1)画锥体三面投影的轴线和中心线;

2)以圆锥体底面半径为半径画圆即为圆锥的 H 面投影;

3)由"长对正"作底边长为圆锥体底面直径、高度为圆锥体高度的等腰三角形即为圆锥的 V 面投影;

4)由"宽相等,高平齐"作 W 面投影等腰三角形。

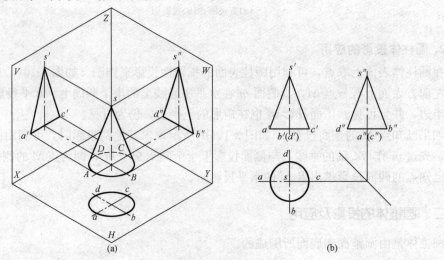

图 3-11 圆锥体的投影图

(a)直观图;(b)投影图

2. 圆锥体投影的应用

根据圆锥面的形成规律，在圆锥表面上取点有辅助直线法和辅助圆法两种。

(1) 辅助直线法。图 3-12 中，已知圆锥表面上 M 点的正面投影 m'，求 M 点的水平投影 m。作图步骤：在圆锥表面上过 M 点和锥顶 S 作辅助直线 SA：先作 $s'a'$，然后求出 sa，再由 m' 作 m，即为所求。

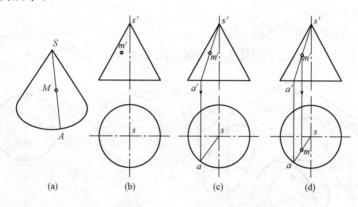

图 3-12 用辅助直线法在圆锥表面上取点

(2) 辅助圆法。辅助圆法就是在圆锥表面上作垂直圆锥轴线的圆，使此圆的一个投影反映圆的实形，而其他投影为直线。如图 3-13 所示，已知圆锥表面上 M 点的正面投影 m'，求 M 点的水平投影 m。作图步骤：先过 m' 点作水平直线，然后作圆的水平投影，最后由 m' 作出 m，即为所求。

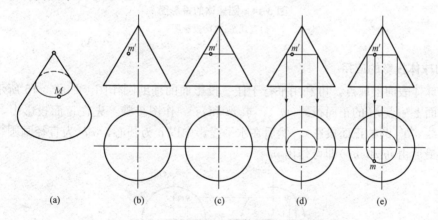

图 3-13 用辅助线直法在圆锥表面上取点

三、圆球体的投影及应用

圆球体是半圆弧线围绕轴线旋转而成的。

1. 圆球体的投影

(1) 形体分析。圆球体由圆球面围成。

(2) 选择摆放位置。由于圆球面的特殊性，圆球体的摆放位置在作图时几乎无须考虑。但一旦摆放位置确定，其有关的轮廓素线是和位置相对应的，这一点需要注意。

(3)投影分析。圆球体的三面投影均为与球的直径大小相等的圆,故又称为"三圆为球"。V、H 和 W 面投影的三个圆分别是圆球体的前、上、左三个半球面的投影,后、下、右三个半球面的投影分别与之重合;三个圆周代表了圆球体上分别平行于正面、水平面和侧面的三条素线圆的投影。由图 3-14(a)还可以看出,圆球体面上直径最大的平行于水平面和侧面的圆 A 与圆 C,其正面投影分别积聚在过球心的水平与铅垂中心线上。

(4)作图步骤。

1)画圆球面三投影圆的中心线;

2)以球的半径为半径画三个同等大小的圆,结果如图 3-14(b)所示。

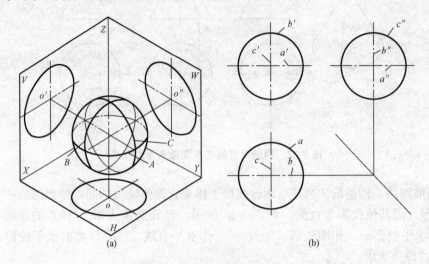

图 3-14　圆球体的投影图

(a)直观图;(b)投影图

2. 圆球体投影的应用

在圆球体表面上取点,可利用平行于任一投影面的辅助圆作图。如图 3-15 所示,已知圆球体表面上一点 M 的正面投影(m'),求 m 和 m''。作图步骤:先在正面投影中,过(m')作水平直线 $a'b'$(圆的正面投影),然后在水平投影中以 o 为圆心,$a'b'$ 为直径画圆,在此圆上作 m,最后由 m 和(m')即可作出 m''。

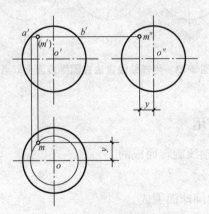

图 3-15　在圆球体表面上取点

知识链接

圆环体的投影及应用

1. 圆环体的投影

如图 3-16 所示,当圆环体的轴线垂直于 H 面时,其 H 面投影是两个同心圆,分别是环面的赤道圆和喉圆,也是母线上离轴最远点和最近点旋转一周的轨迹的 H 面投影,圆心则为轴线的积聚投影。其中,点画线圆为母线圆心运动轨迹的 H 面投影;其 V 面和 W 面投影,都是由两个圆和与它们上下相切的两段水平轮廓线组成。V 面投影的两个圆分别是环面最左素线圆和最右素线圆的 V 面投影;W 面投影的两个圆分别是环面最前素线圆和最后素线圆的 W 面投影;两个圆的上下两水平公切线是母线上最高点和最低点运动轨迹的投影。

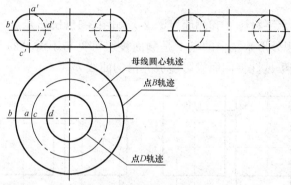

图 3-16 圆环体的投影

圆环体的 H 面投影是可见的上半部分和不可见的下半部分的投影;V 面投影左右两素线圆都有半个圆被环面挡住而画成虚线,也是区分前后环面的分界线,外环面的前半部分可见;W 面投影前后两素线圆都有半个圆被环面挡住而画成虚线,也是区分左右环面的分界线,外环面的左半部分可见,内环面的 V、W 面投影均不可见。

2. 圆环体投影的应用

圆环体表面取点可用纬圆法,即垂直于环轴线作截平面。截平面与环面的交线为两个纬圆:一个是与外环面交得的圆,另一个是与内环面交得的圆。通过判断点的位置确定点在纬圆上的投影。如图 3-17(a)所示,已知环面上点 M 的 V 面投影 m',求其他两投影。作图步骤如下[图 3-17(b)]:

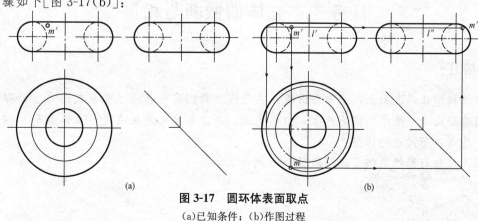

图 3-17 圆环体表面取点
(a)已知条件;(b)作图过程

(1) 过 m' 作平行于 H 面的纬圆的 V 面投影——直线 l'。
(2) 作出该纬圆的 H 投影——圆 l。
(3) 根据点的投影规律，由 m' 求出 m、m''。

因为 M 点在外环面的前方左上部，所以 m、m'' 均可见。

任务实施

【分析】 分析图 3-8 可知，mn 在前半个圆柱面上。因为 mn 为一曲线，故应求出 mn 上若干个点，其中转向线上的点——特殊点必须求出。

【作图】 (1) 作特殊点 I、N 和端点 M 的水平投影 1、n、m 及侧面投影 $1''$、n''、m''，如图 3-18(a) 所示。

(2) 作一般点 II 的水平投影 2 和侧面投影 $2''$，如图 3-18(b) 所示。

判别可见性：侧视外形素线上的点 $1''$ 是侧面投影可见与不可见的分界点，其中 $m''1''$ 可见，$1''2''n''$ 不可见。按可见性将侧面投影连成光滑的曲线 $m''1''2''n''$。

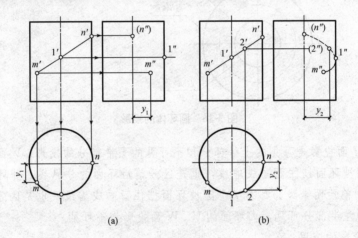

图 3-18 圆柱表面定直线

任务三 立体的截断与相贯

任务描述

在工程形体的表面上，经常会出现一些交线。它们有些是被平面截交而产生，即截交线；有些是由两个形体相交而产生，即相贯线。本任务要求学生通过对立体截断与相贯的学习，完成以下问题的作图：

求三棱柱与圆锥的相贯线，如图 3-19 所示。

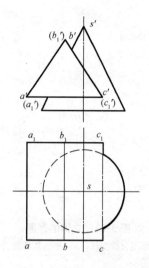

图 3-19　求三棱柱与圆锥的相贯线

相关知识

一、立体的截断

1. 平面立体截断

立体被平面切割即称为立体的截断。

当基本平面体被截平面完全截断，则所得的截交线必为一闭合的平面折线。此平面折线是由若干个转折点连接的若干段直线段组成，每个转折点均为截平面与平面体棱边的交点，每段直线段均为截平面与平面体棱面的交线。如图 3-20(a)所示，三棱锥被平面 P 切割，平面 P 称为截平面，截平面与三棱锥体表面的交线 AB、BC、CA 称为截交线，截交线所围成的平面图形△ABC 称为截断面，其中截交线是闭合的，每个转折点均为截平面与三棱锥棱边的交点。

当基本平面体被某个截平面部分截断，则所得的截交线必为一不闭合的平面折线。此平面折线是由若干个转折点连接的若干段直线段组成，其中的转折点一部分为截平面与平面体棱边的交点，另一部分则不是平面体棱边上的点，而是平面体某个棱面内部点，同时也是截平面终止部位处。每段直线段均为截平面与平面体棱面的交线。如图 3-20(b)所示，三棱锥被两个截平面所截，每个截平面都没有完全截断，因此，每个截平面产生的截交线均不闭合，分别是 $BA-AC$ 段和 $BD-DC$ 段。其中转折点 A、D 点为截平面与三棱锥棱边的交点，而转折点 B、C 则是三棱锥两个棱面内部点，不在棱边上。

求平面立体截交线的方法有交点法和交线法两种。

(1)交点法。先求出截交线上所有转折点，然后将同一平面内两点连线，最后首尾相接所形成的折线即为截交线。求转折点时，对于平面体棱边上的点，可利用线面求交点的方法求得；对于不是棱边上的点，要利用在平面内作点的方法求得(通常需作辅助线)。

(2)交线法。直接利用截平面与平面体棱面求交线的方法求出截交线上的每段直线段。求截交线的投影时还要判断可见性，即判断截交线所在的棱面在该投影面上的投影的可见

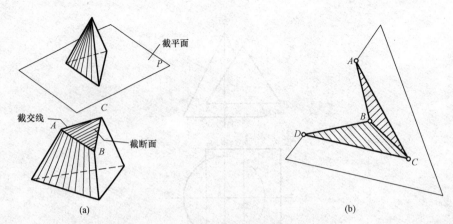

图 3-20 立体的截断
(a)平面体闭合截交线；(b)平面体不闭合截交线

性，棱面投影可见，则截交线可见；否则，则截交线不可见。

2. 曲面立体截断

当曲面体被一个截平面截断，所产生的截交线是一条平面曲线或平面折线。与平面体上截交线相同，若一截平面将曲面体完全截断，则截交线是闭合的；若没有完全截断，则截交线不闭合。

曲面体上的截交线若为平面曲线时，可采用描点法求得。即先求出曲线上的一些点，包括一般点和特殊点，其中，特殊点包括确定曲线轮廓的点(如最左点、最右点、最高点、最低点、最前点、最后点)、截交线上位于曲面体轮廓线上的点和截交线每面投影可见与不可见的分界点三类。在求每类点时，可以采用曲面体上求点的方法来求，如素线法、纬圆法等。

(1)圆柱体截断。圆柱体被截平面切割，截交线有三种情况，见表 3-1。

表 3-1 圆柱上的截交线

截平面位置	立体图	投影图	截交线
倾斜于圆柱体轴线			椭圆
垂直于圆柱体轴线			圆

续表

截平面位置	立体图	投影图	截交线
平行于圆柱体轴线	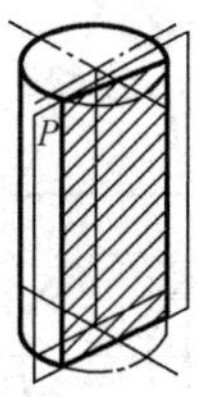	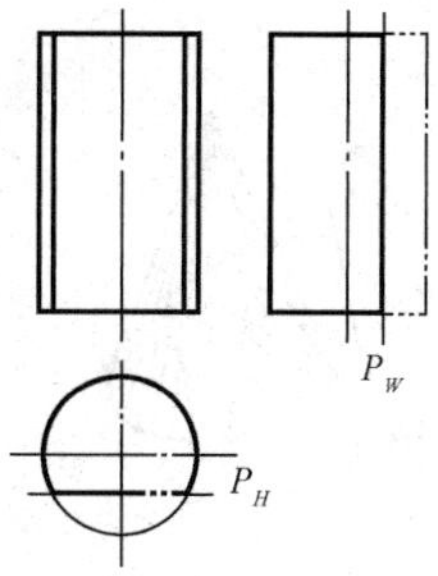	矩形

(2)圆锥体截断。圆锥体被平面切割,截交线与五种情况,见表3-2。

表 3-2　圆锥上的截交线

截平面位置	立体图	投影图	截交线
垂直于圆锥体轴线	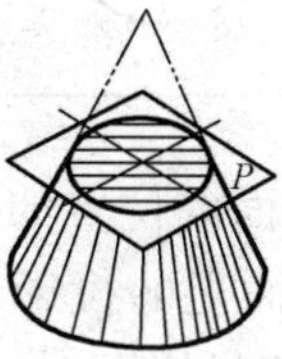	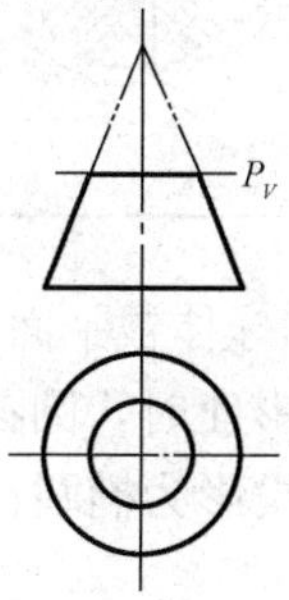	圆
与锥面上所有素线相交	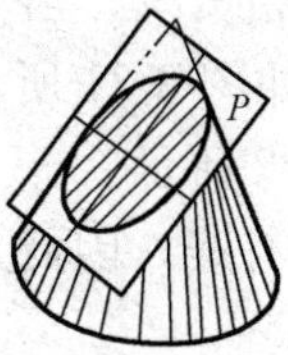	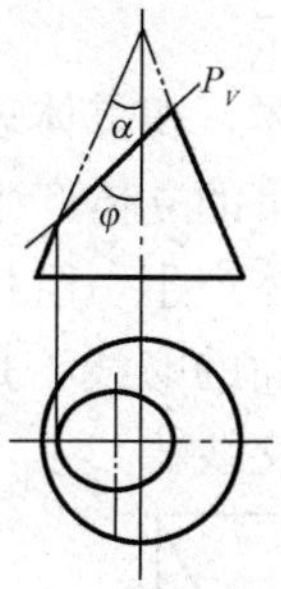	椭圆
平行于锥面上一条素线	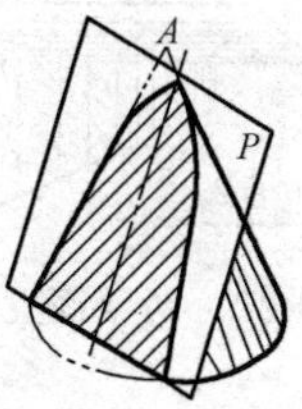	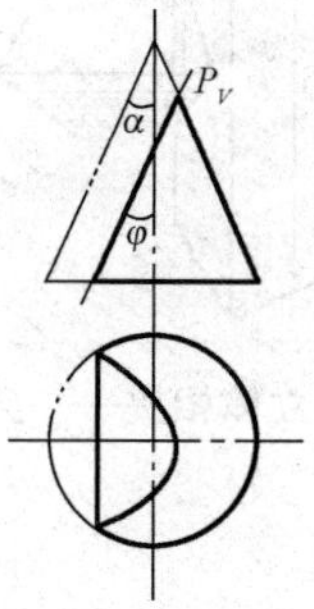	抛物线

续表

截平面位置	立体图	投影图	截交线
平行于锥面上两条素线			双曲线
通过圆锥锥顶			等腰三角形

(3) 圆球体的截断。圆球体被平面切割，不管截平面的位置如何，截交线的空间形状总是圆。当截平面平行于投影面时，圆截交线在该投影面上的投影，反映圆的实形；当截平面倾斜于投影面时，它的投影为椭圆；当截平面垂直于投影面时，它的投影积聚为直线段，长度等于圆截交线的直径。

二、立体的相贯

两相交立体称为相贯体，相贯体表面的交线称为相贯线。当一个立体全部贯穿于另一个立体时，称为全贯，全贯的立体产生两组相贯线，如图 3-21 所示；当两个立体相互贯穿时，称为互贯，互贯的主体产生一组相贯线，如图 3-22 所示。

相贯线是两个立体表面的交线，是两个立体的共有线，因此，求相贯线，实质上是求两个立体表面上面与面的交线。

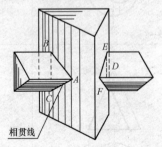 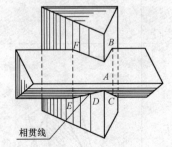

图 3-21　两平面立体相贯——全贯　　　图 3-22　两平面立体相贯——互贯

1. 两平面立体相贯

两平面立体相贯，相贯线为两段或一段闭合或不闭合的空间折线，折线中的每段线段均为相贯的两个形体的表面交线,折线上的每个转折点,均为一个平面体的棱线与另一个平面体的棱面的交点。

求平面体相贯线的方法有交点法和交线法两种。

(1)交点法。首先求出相贯线上的转折点(即每个平面体上参加相贯的棱线与另一个平面体上参加相贯的棱面的交点),然后将各点中同时位于两立体同一表面上的两点顺次相连,即为所求相贯线。

(2)交线法。依次求出参加相贯的两个立体相交棱面的交线,各交线自然围成图形即为所求相贯线。

因此,求两平面体的相贯线实际上就是求直线与平面的交点和求平面与平面的交线的问题。

2. 平面立体与曲面立体相贯

平面体与曲面体相贯,相贯线是平面体表面和曲面体表面的共有线,因此,相贯线应是由平面曲线组合而成的封闭曲线线框,如图 3-23 所示的柱头,封闭曲线的转折点是平面体侧棱和曲面体表面的交点。

作平面体与曲线体的相贯线的步骤如下:

(1)作出转折点。平面体与立面体相贯时,转折点即为侧棱和曲面体表面的交点。

(2)作出连线。作平面体表面与曲面体表面的交线。

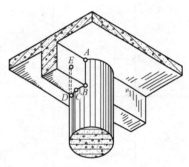

图 3-23 柱头

3. 两曲面立体相贯

两曲面立体相贯,相贯线一般情况下为闭合或不闭合的空间曲线,特殊情况下也可能为直线或平面曲线,具体情形见表 3-3。

表 3-3 两曲面立体相贯的特殊状态

相贯线形状	相贯状态	示意图	说明
直线	两圆柱轴线平行		当两圆柱轴线平行时,相贯线是平行直线
	两圆锥共有一个顶点		当两圆锥共有一个顶点时,相贯线为过锥顶的两直线

续表

相贯线形状	相贯状态	示意图	说明
圆	两回转体共轴线		当两回转体共轴线时,其相贯线是垂直于回转体轴线的圆
圆与直线	轴线垂直于某投影面		当轴线垂直于某投影面时,相贯线在该投影面上的投影为圆,且反映实形,另外两个投影面上的投影,积聚为垂直于轴线的直线段
椭圆与直线	两圆柱面的轴线相交		两直径相等的正交圆柱,其轴线相交成直角,此时,它们的相贯线是两个相同的椭圆,在与两轴线平行的正立投影面上,相贯线的投影为相交且等长的直线线段,其水平投影与直立圆柱的投影重合

续表

相贯线形状	相贯状态	示意图	说 明
椭圆与直线	圆柱与圆锥面共同外切于一个球面		轴线正交的圆锥和圆柱相贯，它们的相贯线是两个大小相等的椭圆，其正面投影同样积聚为直线

任务实施

【分析】 如图 3-19 所示，三棱柱垂直于 V 面，三棱柱棱线 CC_1 和棱面 BB_1C_1C、AA_1C_1C 分别与圆锥相交，其中棱面 BB_1C_1C 倾斜于圆锥的轴线，棱面 AA_1C_1C 垂直于圆锥的轴线，其相贯线 V 面上的投影，积聚在棱面 BB_1C_1C 及 AA_1C_1C 的 V 面投影上，相贯线为部分椭圆、部分圆所组成的空间封闭折曲线。相贯线的 H 面投影可根据其 V 面投影而求得。

【作图】

(1)求贯穿点。Ⅰ、Ⅱ点是棱线 CC_1 与圆锥的贯穿点，由于棱线 CC_1 为正垂线，故点Ⅰ、Ⅱ与棱线 CC_1 的 V 面投影重合。过 V 面重影点作辅助素线 SM、SN 的 V 面投影 $s'm'$、$s'(n')$，由此求出点Ⅰ、Ⅱ的 H 面投影 1、2。

(2)由于棱面 AA_1C_1C 为水平面，与圆锥的截交线为部分水平圆；根据截交线的 V 面投影直接求得截交线水平圆的 H 面投影。

(3)棱面 BB_1C_1C 为正垂面，与圆锥面的截交线（部分椭圆）的 V 面投影积聚为直线，根据 V 投影用辅助平面法求出截交线的 H 面投影。

(4)判别相贯线的可见性，整理轮廓线，如图 3-24 所示。

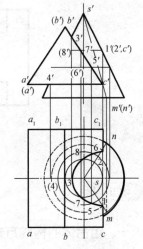

图 3-24 作三棱柱与圆锥的相贯线

任务四 组合体的投影

任务描述

组合体是指由两个以上的基本形体组合而成的立体。如图 3-25 所示的由棱柱、棱锥等组成的坡顶房屋即为组合体。

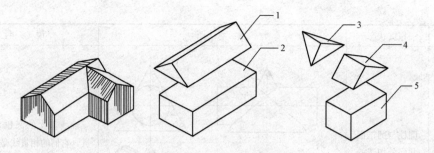

图 3-25　房屋形体分析
1—三棱柱；2—四棱柱；3—三棱锥；4—三棱柱；5—四棱柱

本任务要求学生在学习组合体投影的绘制的基础上，掌握组合体识图读图的方法，并完成以下问题：

根据图 3-26 所示组合体的三视图，想象其形状。

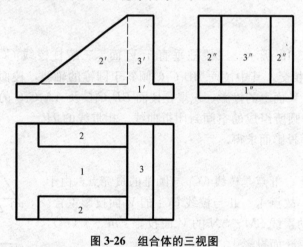

图 3-26　组合体的三视图

相关知识

一、组合体的构成方式

组合体的构成方式有叠加式、切割式及混合式等。

1. 叠加式

将组合体看成由若干基本几何体叠加而成的方法称为叠加法，图 3-27 所示的组合体是由两个长方体叠加而成的。各基本体叠加时，其表面结合有平齐（共面）、相切和相交三种组合方式，在画投影图时，应正确处理两结合表面的投影，如图 3-28 所示。

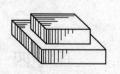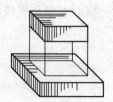

图 3-27　叠加式组合体

（1）平齐（共面）是指两基本形体的表面位于同一平面上，两表面间不画线。

（2）相切分为平面与曲面相切和曲面与曲面相切，无论哪一种，都是两表面的光滑过

· 78 ·

渡，不应画线。

(3)相交是指面与面相交时，在相交处表面必然形成交线，应画交线的投影。

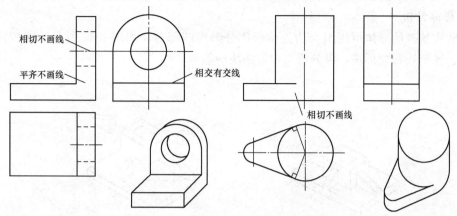

图 3-28 组合体两结合表面的结合处理

2. 切割式

将组合体看成由基本几何体被一些面切割后而成的方法称为切割法。在基本几何体的表面会形成截交线，用画截交线的方法作出截交线的投影。图 3-29 所示的组合体是由大四棱柱体，经过切割掉一个小四棱柱体而形成的。

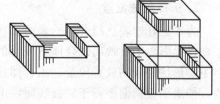

图 3-29 切割式组合体

3. 混合式

将组合体看成部分由若干基本体叠加而成，部分由基本体被一些面切割后而成的方法称为混合式，如图 3-30 所示。

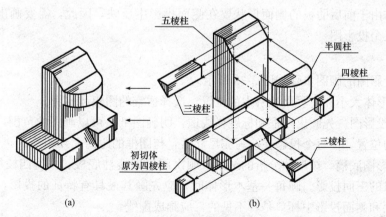

图 3-30 混合式组合体
(a)立体图；(b)组合过程

二、组合体投影图的绘制

组合体投影图的绘制，要按一定步骤进行：首先必须对组合体进行形体分析，了解组合体的组合方式，各基本形体之间的相对位置，逐步作出组合体的投影图。

以图 3-31 所示的板肋式基础为例，说明组合体投影图的画法。

1. 形体分析

板肋式基础的形体可用组合法先将形体分解为四部分，如图 3-32 所示的四棱柱底板、四棱柱、梯形块和楔形块，再分析其中各物块的组成。

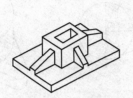
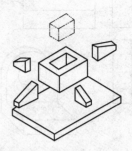

图 3-31　板肋基础　　　　图 3-32　板肋基础形体分析

2. 选择摆放位置

为了更好地表达组合体的表面形状，应正确选择组合体的放置位置。一般应选择有利于在各投影图中反映出线合体各表面的实形，便于标注尺寸，并使其正面投影能反映出形体主要形状特征的放置位置。组合体摆放位置的确定应以尽量减少虚线的原则，将形体平放，使水平投影面平行于底板底面，正投影面平行于形体的正面。

3. 确定投影数量

投影数量的确定原则是用最少数量的投影把形体表达完整、清楚。所谓"完整"是指组成该形体的各基本几何体都能在投影中得到表达。所谓"清楚"是指组成该形体的各几何体的形状及其相对位置都能得到充分表达。

基础形体由于前后肋板的侧面形状要在侧面投影中反映，因此，需要画出正立面、水平面和侧面三个投影图。

4. 作图

组合体投影图的画图步骤如图 3-33 所示。

(1) 根据形体大小和注写尺寸所占的位置，选择适宜的图幅和比例。

(2) 布置投影图。先画出图框和标题栏线框，明确图纸上可以画图的范围，然后大致安排三个投影的位置，使每个投影在注写完尺寸后，与图框的距离大致相等。

(3) 画投影图底稿。按形体分析的结果，顺次画出四棱柱底板、中间四棱柱，6 块梯形块和楔形杯口的三面投影。画每一基本形体时，应先画其最具有特征的投影，然后画其他投影。在正面和侧面投影中杯口是看不见的，应画成虚线。

(4) 检查、加深图线。经检查无误后，按各类线宽要求，用较软的 B 或 2B 铅笔对图线进行加深。

(5) 标注尺寸。先画出全部尺寸界线，然后认真写好尺寸数字。

(6) 最后填写标题栏内各项内容，完成全图。

5. 补图

已知组合体的两面投影，补画出第三面投影的方法称为补图，如果所补的组合体形体

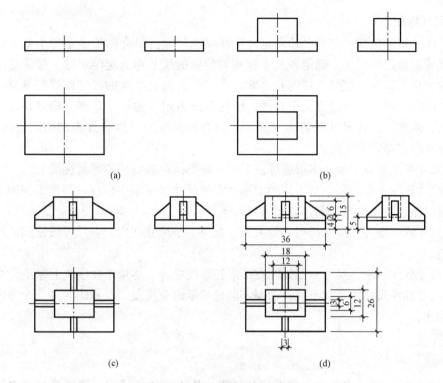

图 3-33 板肋式基础画图步骤
(a)布图、画底板；(b)画中间四棱柱；(c)画四块梯形肋板；
(d)画矩形杯口、擦去多余的线、标注尺寸、完成全图

比较简单，可利用形体分析或线面分析的方法，再结合"长对正、高平齐、宽相等"的投影规律，直接补画出第三投影；如果所补的组合体形体较复杂，可利用形体分析或线面分析的方法，先想象出其空间立体图，再结合"长对正、高平齐、宽相等"的投影规律，补画出第三投影图。

【**例 3-1**】 由组合体的主、左视图补画其俯视图，如图 3-34(a)所示。

【**解**】 (1)读图。从左视图的外轮廓看，外形是一梯形体。它也可看作是一长方体被一侧垂面所截，在此基础上将形体中间再挖一个槽。以这样从"外"到"内"、从"大"到"小"、先"整体"后"局部"的顺序来读图。

(2)补图。根据"三等"关系，先补出外轮廓的俯视图，如图 3-34(b)所示；然后再补出槽的俯视图，如图 3-34(c)所示。经检查(用"三等"关系、形体分析、线面分析以及想象空间形体等来检查)无误后，最后加深图线完成所补图。其空间形体如图 3-34(d)所示。

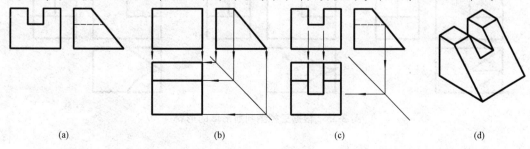

图 3-34 二补三

6. 尺寸标注

组合体的尺寸包括：定形尺寸、定位尺寸和总尺寸。组合体中确定各个基本体形状和大小的尺寸称为定形尺寸。确定各基本体相对位置的尺寸称为定位尺寸。标注定位尺寸的起始点称为尺寸基准，在组合体的长、宽、高三个方向上标注的尺寸都要有基准，通常把组合体的底面、侧面、对称线、中心线、轴线等作为相应的尺寸基准。确定整个组合体外形的总长、总宽、总高尺寸则称为总尺寸。组合体的尺寸是组合体视图的重要组成部分，其尺寸标注应遵循以下原则：

（1）尺寸标注明显。尺寸尽可能标注在能反映形体形状特征的那面视图上。

（2）尺寸标注集中。同一基本体的定形、定位尺寸尽量集中标注；与两面视图相关的尺寸，尽量标注在两面视图之间，以便对照。

（3）尺寸标注整齐。尺寸排列一般大尺寸在外、小尺寸在内。各尺寸线之间的间隔尽量保持均匀。

（4）尺寸标注清晰。尺寸一般标注在图形轮廓线之外，尽量不在虚线上标注尺寸。

（5）尺寸标注完整。尺寸不能有遗漏，但也尽量避免重复。注意组合体三个方向的总尺寸要做标注。

任务实施

读图是由视图想象出形体空间形状的过程，是画图的逆过程。读图是增强空间想象力的一个重要环节，必须掌握读图的方法并多实践才能达到提高读图能力的目的。

1. 读图的基本要求

（1）掌握形体三视图的基本关系，即"长对正、高平齐、宽相等"三等关系。

（2）掌握各种位置直线、平面的投影特性（实形性、积聚性、类似性）。

（3）联系形体各个视图来读图。形体表达在视图上，需两个或三个视图。读图时，应将各个视图联系起来，只有这样才能完整、准确地想象出空间形体来。如图 3-35 所示，它们的主视图、左视图都相同，但俯视图不同，所以，其空间形体也各不相同。

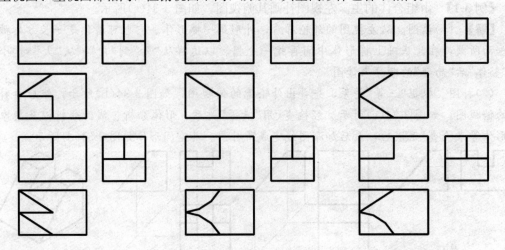

图 3-35　根据三视图判断形体的形状

2. 读图的方法

读图的方法一般可分为形体分析法和线面分析法。

(1)形体分析法。读图时，首先要对组合体作形体分析，了解它的组成，然后将视图上的组合体分解成一些基本体。根据各基本体的视图想象出它们的形状，再根据各基本体的相对位置，综合想象出组合体的形状。组合体分解成几个基本体并找出它们相应的各视图，是运用形体分析法读图的关键。应注意组成组合体的每一个基本体，其投影轮廓线都是一个封闭的线框，也即视图上每一个封闭线框一定是组合体或组成组合体的基本体投影的轮廓线，对一个封闭的线框可根据"三等"关系找出它的各个视图来。此法多用于叠加式组合体。

如图3-26所示组合体的三视图，根据图中主视图、左视图了解到该组合体由三部分组成，因此将其分解为三个基本体。由组合体左视图中的矩形线框$1''$，用"高平齐"找出其V面投影为矩形线框$1'$，用"长对正、宽相等"找出H面投影为矩形线框1。把它们从组合体中分离出矩形的三视图，如图3-36(a)所示。由三视图想象出的形状是正四棱柱Ⅰ，如图3-36(b)所示

同理，由线框$2''$找出其线框2和$2'$，分离出形体的三视图，如图3-36(c)所示。由此想出的形状是三棱柱Ⅱ，如图3-36(d)所示。

由线框3找出$3'$和$3''$，分离出形状的三视图，如图3-36(e)所示，由此想出的形状是正四棱柱Ⅲ，如图3-36(f)所示。

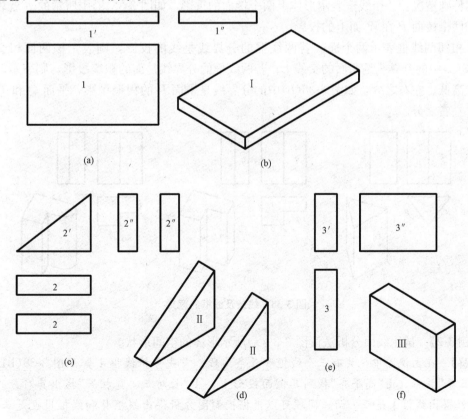

图3-36 组合体的形体分析

把上述分别想出的基本体按照图 3-26 所给定的相对位置组合成整体,就可得到视图所表示的空间形体的形状,如图 3-37 所示。

(2)线面分析法。根据形体中线、面的投影,分析它们的空间形状和位置,从而想象出它们所组成的形体的形状。此法多用于截割式组合体。

用线面分析法读图,关键是要分析出视图中每一条线段和每一个线框的空间意义。

1)线条的意义。视图中的每一线条的意义可以是下述三种情况之一:

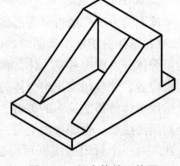

图 3-37　组合体的立体图

①表示两面的交线,如图 3-38(a)中所示的 L。
②表示平面的积聚投影,如图 3-38(b)中所示的 R。
③表示曲面的转向轮廓线,如图 3-38(c)中立面图上所示的 m'。

若三视图中无曲线,则空间形体无曲面,如图 3-38(a)、(b)所示。
若三视图中有曲线,则空间形体有曲面,如图 3-38(c)所示。

2)线框的意义。

①一般情况:一个线框表示形体上一个表面的投影,如图 3-38(b)中所示的 Q、T 都表示一个平面。

②特殊情况:一个线框表示形体上两个棱面的重影,如图 3-38(a)中所示的 p'' 就表示了形体的两个棱面 P 在 W 面上的投影。

③相邻两线框表示两个面。若两线框的分界线是线的投影,则表示该两面相交,如图 3-38(a)中的分界线是两面的交线 L;若两线框的分界线是面的积聚投影,则表示两面有前后、高低、左右之分,如图 3-38(b)中的分界线是平面 R 的积聚投影,平面 Q 和 T 就有前后、左右之分。

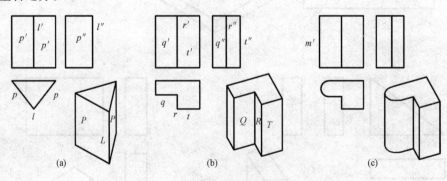

图 3-38　线条及线框的意义

【例 3-2】　试用线面分析法读图 3-39(a)所示形体的空间形状。

【解】　在主视图中,共有三个线框和五条线段。首先分析线框 $1'$,如图 3-39(b)所示,利用"三等"关系,由"高平齐"找到其侧面投影 $1''$,由"长对正、宽相等"找出其对应的水平投影 1;得出线框 Ⅰ 是正平面。同理可以根据投影图分析得出线框 Ⅱ 和线框 Ⅲ 也是正平面,其形状均为四边形,如图 3-39(c)、(d)所示。

再分析线段 $4'$,根据"长对正、高平齐"可知它是一个正垂面,对应的是水平投影 4 和侧面投影 4″，在空间呈 L 形，如图 3-39(e)所示。同理，可分析出主视图中其他线段的空间意义，分析多少根据需要确定。

根据对主视图中三个线框和一条线段的分析，就可想象出由它们所围成的形体的空间形状，如图 3-39(f)所示。

对于较复杂的综合式组合体，先以形体分析法分解出各基本体，后用线面分析法读懂难点。

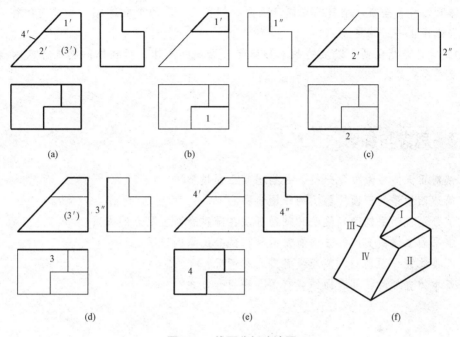

图 3-39　线面分析法读图

项目小结

本项目主要介绍了常见平面立体、曲面立体的投影，立体相贯与截断的投影，以及组合体的投影。

(1)平面立体的投影，实际上可归结为棱面、棱线和顶点的投影。作平面立体表面上的点和线的投影时，应遵循点、线、面、体之间的从属性关系。

(2)棱柱是指上、下底面互相平行，其余每相邻侧面交线互相平行的平面立体，常见的棱柱有正六棱、正四棱柱、正三棱柱等。棱锥是指底面是多边形，各个棱面都是有一个公共顶点的三角形的平面体，常见的棱锥有三棱锥、四棱锥等。棱台是指将棱锥体用平行于底面的平面切割后去掉上部，余下的部分，常见的棱台有三棱台、四棱台等。

(3)由曲面围成的立体或由曲面和平面围成的立体称为曲面立体。常见的曲面立体有圆柱体、圆锥体和圆球体。它们都是由母线(或称素线)绕轴线旋转一周形成。

(4)圆柱体由素线绕轴线形成的柱面和上、下底面构成。圆锥体是由圆锥面和底面所围成的。圆球体是半圆弧线围绕轴线旋转而成的。

(5)立体被平面切割即称为立体的截断。求平面立体截交线的方法有交点法和交线法两种。

(6)当曲面体被一个截平面截断,所产生的截交线是一条平面曲线或平面折线。与平面体上截交线相同,若一截平面将曲面体完全截断,则截交线是闭合的;若没有完全截断,则截交线不闭合。

(7)两相交立体称为相贯体,相贯体表面的交线称为相贯线。当一个立体全部贯穿于另一个立体时,称为全贯,全贯的立体产生两组相贯线;当两个立体相互贯穿时,称为互贯,互贯的主体产生一组相贯线。

(8)组合体是指由两个以上的基本形体组合而成的立体。组合体的构成方式有叠加式、切割式及混合式等。

思考与练习

1. 试对正五棱柱做投影分析,并绘出其三面投影。
2. 简述四棱锥的三面投影图的作图步骤。
3. 试分别说明用辅助直线法和辅助圆法在圆锥表面上取点的方法。
4. 求平面立体截交线的方法有哪两种?试分别举例说明。
5. 圆锥体被平面切割,截交线有哪几种情况?
6. 基本体叠加时,其表面结合有哪几种组合方式?

项目四 轴测投影

知识目标

通过本项目的学习，熟悉轴测投影图的投影规律；掌握形体的正等轴测投影图和斜轴测投影图的绘制方法。

能力目标

能绘制一般形体的正等轴测投影图和斜二测投影图。

任务一 轴测投影的一般概念

任务描述

在建筑制图中，有一种投影可以很生动很形象地表现出建筑物的立体感，这就是轴测投影。本任务要求学生清楚轴测投影的形成、分类和投影规律。

相关知识

一、轴测投影的形成与作用

由于三面正投影图[图4-1(a)]缺乏立体感，直观性较差，需要具备一定的投影知识才能读图。因此，需要用轴测投影更直观地将形体表达出来，如图4-1(b)所示。

将物体连同其参考直角坐标系沿着与任何一个坐标面都不平行的方向，用平行投影法将其投影在单一投影面上，所得到的投影称为轴测投影，也称为轴测投影图。

轴测投影在一个投影面上能同时反映出形体的长向、宽向、高向和不平行于投影面投影方向的平面，因而具有较好的立体感。在工程中，轴测投影一般只作为辅助性的图样，用以帮助阅读复杂的形体的多面正投影图，也可用来表达某些建筑构配件的整体形状、建筑节点的搭接情况。在给水排水专业中，常用轴测投影来绘制给水排水、采暖通风和空气调节等方面的管道系统图。

二、轴测图的分类

根据投射方向是否垂直于轴测投影面，轴测投影可分为正轴测投影和斜轴测投影两类。当投射方向与轴测投影面垂直时，称为正轴测投影；当投射方向与轴测投影面倾斜时称为斜轴测投影。如图4-2所示，空间形体在投影面P上投影时，其投射方向S_1与投

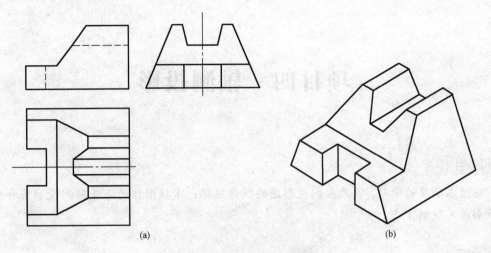

图 4-1 三面投影图与轴测投影图
(a)三面投影图；(b)轴测投影图

影面 P 垂直，因此，空间形体在投影面 P 上的投影为正轴测投影；空间形体在投影面 Q 上投影时，其投射方向 S_2 与投影面 Q 倾斜，因此，空间形体在投影面 Q 上的投影为斜轴测投影。

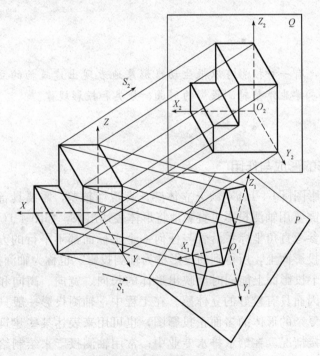

图 4-2 轴测投影的分类

三、轴测图的要素及投影特性

1. 轴测图的要素

轴测图的要素包括投影面、轴测轴、轴间角及轴向变形系数等。

如图 4-3 所示，形成轴测图的投影面 P 称为轴测投影面。立体的空间直角坐标轴 OX、OY、OZ 在轴测投影面上所得到的轴测投影 O_1X_1、O_1Y_1、O_1Z_1 称为轴测轴。两轴测轴间的夹角 $\angle X_1O_1Y_1$、$\angle Y_1O_1Z_1$、$\angle Z_1O_1X_1$ 称为轴间角。

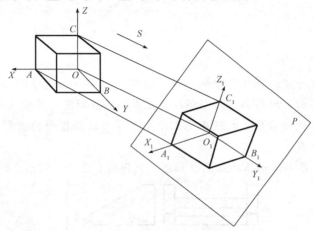

图 4-3　轴测投影图的形成

将轴测轴上的单位长度与相应空间坐标轴的单位长度之比，称为轴向变形系数（也称为轴向伸缩系数）。

OX 轴向变形系数 $p=\dfrac{O_1X_1}{OX}$；

OY 轴向变形系数 $q=\dfrac{O_1Y_1}{OY}$；

OZ 轴向变形系数 $r=\dfrac{O_1Z_1}{OZ}$。

根据三个轴向变形系数是否相等，正轴测图又可分为：正等轴测图（简称正等测，$p=q=r$）和正二等轴测图（简称正二测，$p\neq r\neq q$）。同样，斜轴测图也可分为：斜等轴测图（简称斜等测，$p=q=r$）和斜二等轴测图（简称斜二测，$p\neq r\neq q$）。

2. 轴测图的特性

由于轴测投影是根据平行投影原理作出的，因此，其具备平行投影的一些主要性质。

（1）平行性。空间互相平行的线段，它们的轴测投影仍互相平行。因此，凡是与坐标轴平行的线段，其轴测投影与相应的轴测轴平行。

（2）等线性。空间互相平行线段的长度之比，等于它们轴测投影的长度之比。因此，凡是与坐标轴平行的线段，它们的轴向变形系数相等。

（3）可量性。物体上互相平行的线段，在轴测图中有相同的轴向变形系数。物体上与坐标轴平行的线段，变形系数与轴相同。后面将要学到，在轴测图中只有坐标轴的变形系数是已知的，所以，画轴测图时，只有与坐标轴平行的线段才能按相应坐标轴的轴向变形系数量取尺寸，这就是可量性，也即是"轴测"的含义。

任务实施

简述轴测图的分类、形成、特性，理解轴间角、轴向变形系数等概念。

任务二　正等轴测图

任务描述

正等轴测投影属于正轴测投影中的一种。当投射方向与轴测投影面垂直,而且三个轴向变形系数 $p=q=r$ 时,所得到的投影图称为正等轴测投影图,简称正等测。它画法简单,立体感强,在工程中比较常用。本任务要求学生在学习轴测投影的投影特性和绘制方法的基础上,完成以下问题:

如图 4-4 所示,已知某形体的三面投影图,利用综合法绘制该形体的正等轴测投影图。

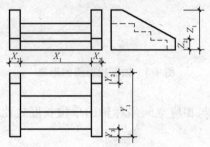

图 4-4　求作台阶的正等轴测图

相关知识

一、正等测的轴间角和轴向变形系数

1. 轴间角

正等轴测投影是最常见的轴测投影,它的 OZ 轴与铅垂线重合,OX 轴和 OY 轴与水平线的夹角均为 30°,由此形成的轴间角均为 120°,如图 4-5 所示。

2. 轴向变形系数

由于空间直角坐标系各轴均与投影面 P 成等倾斜,因而投射以后各轴的变形系数变化相同,即 $p=q=r$。可以证明各轴的变形系数均为 0.82,也即投影后各轴测轴的单位长度均为空间坐标系各轴单位长的 0.82 倍。为了画图简便,常把轴向变形系数简化为 1,这样画出的轴测图,比按理论变形系数画出的轴测图放大 $1/0.82=1.22$ 倍。用简化变形系数作图时,轴测投影图中沿轴测轴方向线段的长短,可直接按正投影量取(也就是说,凡是平行于坐标轴的尺寸,均按原尺寸画出),这样做的结果只是比按照轴向变形系数绘出的图形稍大些,立体形象并没有发生改变,却减少了作图工作量。今后在画正等轴测图

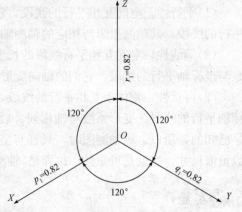

图 4-5　正等测轴间角和轴向变形系数

时，如不特别指明，均按简化的变形系数作图。

二、正等轴测投影图的画法

在绘制空间形体的轴测投影图之前，首先要认真观察形体的结构特点，然后根据其结构特点选择合适的绘制方法，包括叠加法、切割法、坐标法和综合法。

1. 叠加法

叠加法绘制正等轴测投影图是将复杂的形体看成由若干简单形体叠加而成，先按轴测轴及其轴向变化率从它的基本部分开始画起，然后根据每个基本简单立体之间的相对位置依次绘制出每一简单立体的轴测图，最后叠加形成整个形体的轴测图。

如图 4-6(a)所示，利用叠加法作该形体的正等轴测投影图。

形体分析：由图 4-6(a)所示的三面投影图可知，此形体由三个基本立体叠加而成：最下面是一块水平矩形底板；上面靠右是一块侧立矩形竖板；其底面与底板的顶面重合，两块板的后壁是一个平面；在底板之上、竖板之左是一块三棱柱肋板，其底面与底板的顶面重合，右壁与竖板的左壁重合。

作图步骤：

(1)绘制长方体底板。如图 4-6(b)所示，绘制正等轴测图的轴测轴 X 轴、Y 轴和 Z 轴。按 X 轴、Y 轴和 Z 轴的轴向和轴向变化率 $p=q=r=1$ 在图 4-6(a)所示的投影图中量取底板的长、宽和高，先作出水平矩形底板的底面、前壁和左壁，然后完成水平矩形底板的正等轴测图。

(2)绘制长方体竖板。如图 4-6(c)所示，根据竖板和底板的相对位置在底板顶面作出竖板底面的左前角点的轴测投影，并且过此点在图 4-6(a)中所示的投影图中量取竖板的长、宽和高，从而画出竖板可见的前壁和左壁，然后画出另一壁面和顶面，这样就完成了竖板的正等轴测图。

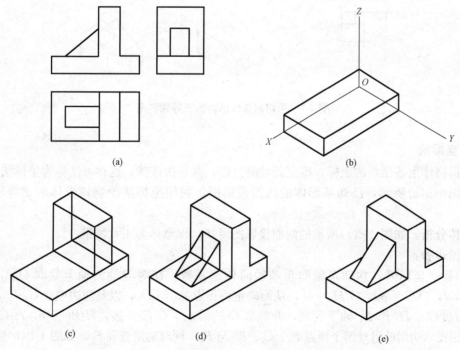

图 4-6　用叠加法作形体的正等轴测图

(3)绘制三棱柱肋板。如图4-6(d)所示,根据肋板与底板相对位置在底板顶面作出肋板底面的右前角点,并且过此点量取肋板的长和高,得到肋板的前壁的左面和上面两个角点,将它们用直线连接作出肋板可见的前壁;再过肋板前壁的各个角点向后量取肋板的厚度,可作出肋板的正等轴测图。

(4)清理图面。如图4-6(e)所示,擦去物体上不存在的轮廓线,用粗实线加深轴测投影中的可见轮廓线。

2. 切割法

切割法绘制正等轴测投影图是将复杂的形体看成由一个简单的基本几何体依次切割而成。作轴测投影时,先画出基本体的轴测投影,然后在轴测投影中将切割掉的部分切去,从而得到整个形体的轴测投影。

如图4-7(a)所示,已知某形体的三面投影图,利用切割法绘制其正等轴测投影图。

形体分析:由图4-7(a)所示的三面投影图可知,该形体是一长方体被切去三部分而形成的,其中被正垂面切去左上角,被铅垂面切去左前角,被水平面和正平面切去前上角。

作图步骤:

(1)绘制长方体。如图4-7(b)所示,切去其左上角。

(2)切去前上角,如图4-7(c)所示。

(3)切去左前角,如图4-7(d)所示。

(4)清理图面,如图4-7(e)所示。

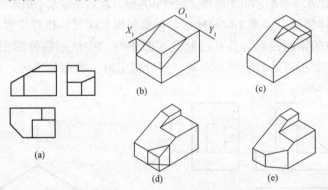

图4-7 用切割法作形体的正等轴测图

3. 坐标法

根据物体上各顶点的坐标,确定其轴测投影,并依次连接,这种方法称为坐标法。

如图4-8(a)所示,已知某形体的两面投影图,利用坐标法绘制该形体的正等轴测投影图。

形体分析:如图4-8(a)所示的两面投影图可知,该形体为正六棱锥。

作图步骤:

(1)建立坐系,并确定轴间角和轴向伸缩系数。在对应轴测轴上截取 $O_1A_1=oa$, $O_1D_1=od$,$O_1G_1=og$,$O_1H_1=oh$,从而确定两顶点 A_1 与 D_1,以及两边中点 G_1 与 H_1。

(2)过 G_1、H_1 作 X_1 轴平行线,并截取 $G_1F_1=gf$,$G_1E_1=ge$,$H_1B_1=hb$,$H_1C_1=hc$,从而确定正六边形的另外四个顶点 B_1、C_1、E_1 与 F_1,同时确定锥顶 S_1,如图4-8(b)所示。

(3)过锥顶 S_1 向锥底面的各顶点作连线,并根据轴测投影图的可见性,擦去六棱锥中不可见的各棱边和棱线，将可见的各棱边和棱线加深，即完成六棱锥的正等轴测图，如图4-8(c)所示。

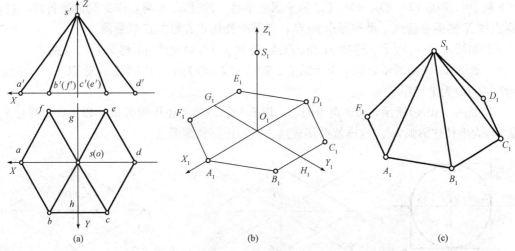

图 4-8 用坐标法作形体的正等轴测图

4. 综合法

若形体的形状非常复杂，仅使用一种方法不能作出真正等测图时，常常在形体分析的基础上，综合运用上述的其中两种或三种方法来绘制正等轴测图，这样的方法称为综合法。

三、平行于坐标面的圆的正等轴测投影

圆的正等测投影为椭圆。由于三个坐标面与轴测投影面所成的角度相等，所以，直径相等的圆，在三个轴测坐标面上的轴测椭圆大小也相等，且每个轴测坐标面上的椭圆的长轴垂直于第三轴测轴，如图4-9所示。

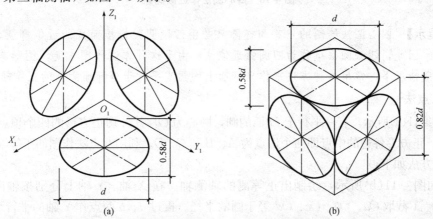

图 4-9 平行于坐标面的圆的正等轴测图

圆的正等轴测图的画法包括四心圆法和八点法两种。

1. 四心圆法

如图4-10(a)所示，圆心为 O 的圆，其外切正方形的四个顶点为 E、F 和 G、H，正方形各边的中点即四个切点为 A、B 和 C、D。利用四心圆法作圆的正等轴测图。

作图方法如下：

(1)如图 4-10(b)所示，绘制出正等测的轴测轴。在 X 轴、Y 轴上分别按轴向变化率 $p=1$ 和 $q=1$ 截取 Oa、Ob、Oc、Od 等于圆的半径。再过 a、b 两点作 Y 轴的平行线，过 c、d 两点作 X 轴的平行线，得到菱形 $egfh$，即圆的外切正方形的正等测图。

(2)如图 4-10(c)所示，连接 ea 和 ed(或 fb 和 fc)与对角线 gh 相交于 i、j 两点。

(3)如图 4-10(d)所示，以 e 点为圆心、以 ea(或 ed)为半径作圆弧 ad；以 f 点为圆心、以 fb(或 fc)为半径作圆弧 bc。

(4)如图 4-10(e)所示，以 i 点为圆心、以 ia(或 ic)为半径作圆弧 ac；以 j 点为圆心、jb(或 jd)为半径作圆弧 bd。这样就拼接成这个圆的正等轴测图。

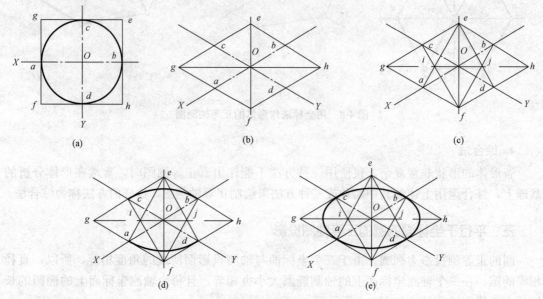

图 4-10　四心圆法作近似椭圆

【小提示】　四心圆法绘制的正等测椭圆只是由四段圆弧拼接而成的近似椭圆，并不是椭圆曲线。因此，四心圆法也称为四圆弧近似法。由于这种方法作图方便，图形美观光洁，所以在一般情况下，常用这种方法来作坐标面上的圆或平行于坐标面的圆的正等轴测图。

2. 八点法

如图 4-11(a)所示，有一平行于 H 面的圆，圆心为 O，其外切正方形的四个顶点为 E、F 和 G、H，正方形各边的中点即四个切点为 A、B 和 C、D。利用八点法作图的正等轴测图。

作图方法如下：

(1)如图 4-11(b)所示，绘制出正等测的轴测轴。在 X 轴、Y 轴上分别按轴向变化率 $p=1$ 和 $q=1$ 截取 Oa、Ob、Oc、Od 等于圆的半径。再过 a、b 两点作 Y 轴的平行线，过 c、d 两点作 X 轴的平行线，得到菱形 $egfh$，即圆的外切正方形的正等测图。

(2)如图 4-11(c)所示，连接对角线 ef 和 gh。

(3)如图 4-11(d)所示，以 ec 为斜边作一等腰直角三角形 eci，并在 eg 线上截取 cj、ck 等于 ci，过 j、k 两点作 Y 轴平行线，并与对角线 ef、gh 交于 m、n、p、q 四个点。

(4)如图 4-11(e)所示，用曲线光滑连接 a、q、d、p、b、n、c、m 八个点，得到圆的正等轴测图。

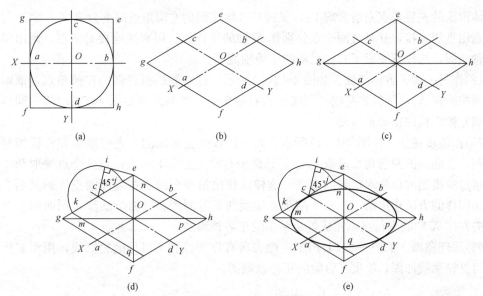

图 4-11 八点法作椭圆

【小提示】 圆的任何一对互相垂直的直径,它们的平行投影分别都是投影椭圆的一对共轭轴,八点法就是已知椭圆的一对共轭轴作椭圆的一种方法。

四、圆角的正等轴测投影

一般的圆角(圆周的四分之一)的轴测图正好是近似椭圆四段弧中的一段。可采用圆的正等轴测投影的画法:过各圆角与连接直线的切点,作对应直线的垂线,两对应垂线的交点即为相应圆弧的圆心,半径则为圆心至切点的距离,如图 4-12 所示。

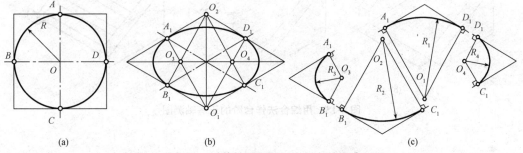

图 4-12 正等轴测投影图中圆角的画法

任务实施

形体分析:由图 4-4 所示的三面投影图可知,该形体是一个台阶,由两个侧栏板和三级踏步组成,侧栏板可看作是由一个长方体被侧垂面切去一侧垂三棱柱而成。踏步和栏板的底面是一个平面,左栏板的右壁与踏步的左端面重合,右栏板的左壁与踏步的右端面重合。

作图步骤如下:

(1)作长方体斜面。如图 4-13(a)所示,绘制出正等测的轴测轴 X 轴、Y 轴和 Z 轴。先画右栏板的正等轴测图:按 X 轴的轴向和轴向变化率 $p=1$ 量取 X_2,按 Y 轴的轴向和轴向变化率 $q=1$ 量取 Y_1,按 Z 轴的轴向和轴向变化率 $r=1$ 量取 Z_1,作出长方体的正等测;过长方体顶面的左后角点向前量取 Y_2，又过长方体底面的左前角点向上量取 Z_2，将所得到的两个点用直线连接，并过这两个点分别作 X 轴的平行线；用直线连接对应点，画出斜面的正等轴测图，这样就完成了右侧栏板的正等轴测图。

（2）作另一侧长方体斜面。如图 4-13(b) 所示，过右侧栏板底面的左前角点量取两个栏板之间的距离 X_1，可得到左侧栏板底面的右前角点，然后采用如图 4-13(a) 所示同样的方法得到左侧栏板的正等轴测图。

（3）作踏步端面。如图 4-13(c) 所示，画出踏步的正等轴测：先按踏步和栏板相对位置过右侧栏板底面的左前角点量取 Y_3，得到踏步右端面的前下角点；过这个点量取踏步的高度，再过所得到的点量取踏步的宽度，这样就作出第一个踏步右端面的正等轴测图。然后再采用同样的方法作出第二、三个踏步右端面的正等测图。过整个踏步右端面的各个顶点分别向左作 X 轴的平行线，完成整个踏步的正等轴测图。

（4）清理图面。如图 4-13(d) 所示，擦去所有作图线和不可见的轮廓线，用粗实线将形体的可见轮廓线加深，绘出了台阶的正等轴测图。

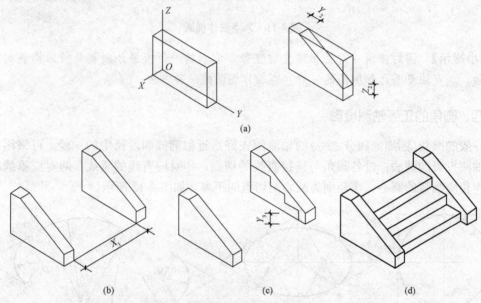

图 4-13　用综合法作台阶的正等轴测图

任务三　斜轴测图

任务描述

通常将形体的两个坐标轴放置在与轴测投影面平行的位置，同时投射线与轴测投影面倾斜，得到的就是斜轴测投影。工程中常用的有正面斜轴测投影和水平斜轴测投影两种。无论哪种，当它的三个轴向变形系数都相等，称为斜等测投影。如果只有两个方向的变形系数相等，就称为斜二测投影。本任务要求学生在学习斜轴测投影绘制方法的基础上，试完成图 4-14 所示台阶的斜二测投影图。

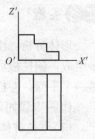

图 4-14　台阶的两面投影图

相关知识

一、斜轴测投影的轴间角和轴向变形系数

在绘制斜轴测投影时,为了作图方便,通常使形体的某个特征面平行于轴测投影面,其轴测投影反映实形,相应的有两个轴测轴的变形系数为1,对应的轴间角仍为直角;而另一个轴测轴可以是任意方向(通常取与水平方向成 30°、45°或 60°等的特殊角),对应的变形系数也可以取任意值,通常取 0.5,既美观又方便。

二、斜轴测投影图的画法

工程上,常用的斜轴测投影图分别是正面斜二测图和水平斜等测图两种。

1. 正面斜二测图的画法

当确定形体空间位置的直角坐标轴 OX 和 OZ 与轴测投影面平行,投射线与轴测投影面倾斜成一定角度时,所得到的轴测投影称为正面斜轴测图。

空间坐标系的 XOZ 坐标面与投影面平行时,轴间角 $\angle X_1 O_1 Z_1 = 90°$,$O_1 X_1$ 轴和 $O_1 Z_1$ 轴的轴向变形系数也保持不变,即 $p=r=1$。然而由于空间坐标轴 OY 与投影面垂直,其投影轴 $O_1 Y_1$ 的方向随投射方向的变化而变化,因而 $O_1 Y_1$ 轴与 $O_1 X_1$ 轴和 $O_1 Z_1$ 轴之间的夹角可以任意给定;同样 $O_1 Y_1$ 轴和 OY 轴的单位长度的比值也是可以任意设定的。为画图方便,通常取 $O_1 Y_1$ 轴与 $O_1 X_1$ 轴成 45°,如图 4-15 所示。对于 $O_1 Y_1$ 轴的轴向变形系数 q 值一般取 1/2。当 q 取 1/2 时,称这样的正面斜轴测投影为正面斜二测;当 $q=1$ 时则称为正面斜等测。

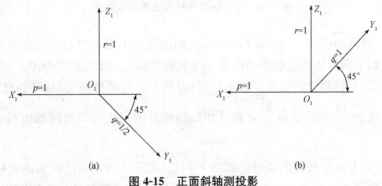

图 4-15 正面斜轴测投影
(a)正面斜二测;(b)正面斜等测

绘制形体的正面斜二测图也可采用与作形体正等轴测图时所用的相同的四种基本方法,即叠加法、切割法、坐标法和综合法。但是由于正面斜二测投影的 V 面与投影平面平行,所以,形体的正面和形体上平行于正面的平面的正面斜二测图反映实形,因而在 V 面上或平行于 V 面的圆的正面斜二测投影是同样大小的圆,反映实形。由于正面斜二测投影的轴向变化率 $p=r=1$,$q=\dfrac{1}{2}$,所以,在 H 面和 W 面上或平行于这两个面的圆的正面斜二测投影是椭圆。又因为两个轴的轴向变化率都分别不相等,所以,不能用四心圆法作出近似椭圆,而只能用八点法作椭圆。

如图 4-16(a)所示为带缺口圆柱的投影图,试作出其正面斜二测图。

形体分析:由图 4-16(a)所示的投影图看出,圆柱的两个底面平行于侧立投影面。因为

正面斜二测图的一个特点是能够反映平行于正立投影面的平面图形的实形,所以,为了简化作图,应把底面从侧立投影面方向转到正立投影面方向,即把长向看作宽向。此时,平行于圆柱底面的各个圆及圆弧都反映实形。

作图方法如下:

(1)作两底圆。如图 4-16(b)所示,先画圆柱的前端面,它的正面斜二测图仍然是与它本身大小形状完全相同的圆。过圆柱前端面的圆心按 Y 轴的轴向和轴向变化率 $q=\frac{1}{2}$ 向后量取 $\frac{X}{2}$,得到圆柱后端面的圆心,并画出这个端面的正面斜二测图,仍然是圆。

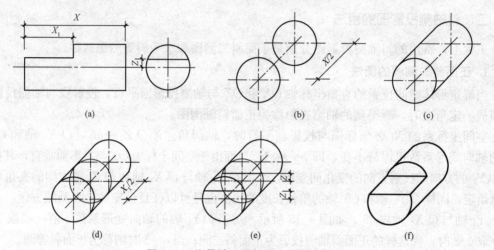

图 4-16 作带缺口圆柱的正面斜二测图

(2)作圆柱的轴测投影。如图 4-16(c)所示,画出两条 Y 轴的平行线与两个端面的圆周相切,这样就得到了圆柱体的轮廓线,从而可作出整个圆柱的正面斜二测图。

(3)确定切口上圆截面的位置。如图 4-16(d)所示,过圆柱前端面的圆心按 Y 轴的轴向和轴向变化率按 $q=\frac{1}{2}$ 向后量取 $\frac{X_1}{2}$,在已作出的圆柱上定出切口上圆截面圆心的位置,并作出这个圆。

(4)确定切口上矩形截面的位置。如图 4-16(e)所示,分别在已画出的圆柱前端面和圆截面中心线上按 Z 轴的轴向和轴向变化率 $r=1$ 量取缺口的高度 Z,过所得到的点作出两条 X 轴的平行线与圆柱相交,然后连接平行线的对应端点得到两条 Y 轴的平行线,这样就完成了圆柱缺口的正面斜二测图。

(5)完成作图。如图 4-16(f)所示,清理图面,擦去所有作图线和带缺口圆柱的不可见的轮廓线并且将所有的可见轮廓线用粗实线加深。

2. 水平斜等测图的画法

水平斜等轴测投影的轴测轴 OX 轴、OY 轴之间的轴间角仍然为 $90°$,通常将 OZ 轴与 OX 轴的轴间角取为 $120°$,显然,OZ 轴与 OY 轴的轴间角是 $150°$,轴向变化率 $p=q=r=1$。作图时,常常把 OZ 轴画成铅直方向,则 OX 轴和 OY 轴与水平线分别成 $30°$ 和 $60°$。在 H 面上或平行于 H 面的平面图形上的水平斜等测图能够反映实形。

如图 4-17(a)所示,已知某建筑形体的投影图,绘制其水平斜等测图。

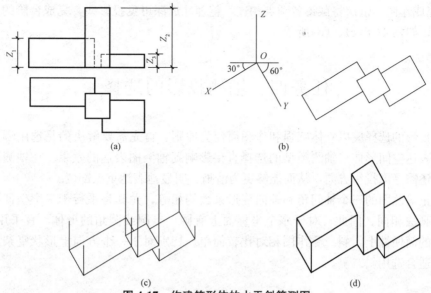

图 4-17 作建筑形体的水平斜等测图

形体分析：由图 4-17(a)所示的投影图可知，该形体由三个简单立体组成：中间的立体是一个长方体；左边的立体是一个 L 形底面的六棱柱，它的凹角和长方体的左后棱线重合；右边的立体也是一个 L 形底面的六棱柱，它的凹角和长方体的右前棱线重合；三个立体的底面是一个平面。

作图方法如下：

(1)作水平投影。如图 4-17(b)所示，绘制出水平斜等测的参考轴测轴 X 轴、Y 轴和 Z 轴。按 X 轴和 Y 轴的轴向和轴向变化率 $p=q=1$ 照搬图 4-17(a)所示的建筑形体的底面，即把水平投影旋转 30°画出。

(2)量取高度。如图 4-17(c)所示，过建筑形体的各个角点按 Z 轴的轴向和轴向变化率 $r=1$ 向上分别量取三个简单立体的高度 Z_1、Z_2 和 Z_3，得到建筑形体顶面的各个角点。

(3)完成作图。如图 4-17(d)所示，用直线连接建筑形体顶面的各个角点，可得到形体的顶面的水平斜等测图。清理图面，擦去所有建筑形体上的不可见的轮廓线，将所有可见轮廓线用粗实线加深。

任务实施

按照斜二测投影图的画法，绘制图 4-14 所示台阶的斜二测投影图的步骤如下：

(1)绘制坐标系。取正投影图的左下角点 O 为坐标系原点，画轴测轴，令 O_1Z_1 轴为竖直方向，设 O_1X_1 方向与其垂直，O_1Y_1 轴与其成 45°，O_1Y_1 轴的轴向变形系数 q 取为 1/2。

(2)作轴测图。将正面投影平移，令坐标轴与 $O_1X_1Z_1$ 轴测轴重合，然后过各顶点向后面 45°平行线并截取台阶前后尺寸的 1/2，如图 4-18(a)、(b)所示。

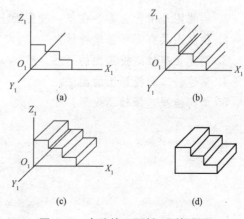

图 4-18 台阶的正面斜二测投影图

(3)完成作图。依次将截得各顶点相连，整理并加深可见投影线，完成台阶的正面斜二测投影图，如图 4-18(c)、(d)所示。

任务四　轴测投影的选择

轴测投影的选择应以立体感强和作图简便为原则，首先需要解决的是选用哪种类型的轴测图来表达空间形体，轴测类型的选择直接影响到轴测图表达的效果。在轴测图类型确定之后，还需考虑投影方向，从而能够更为清晰、明显地表达重点部位。

由于正等测图的三个轴间角和轴向变形系数均相等，尤其是平行于三个坐标面的圆的轴测投影画法相同。因此，对于多个坐标面上有圆、半圆或圆角的形体，宜采用正等测。但从作图的简便性上，斜二测作图相对比较简单，特别对于一个方向上形状复杂或圆弧较多的形体适合选用斜二测。

项目小结

本项目主要介绍了轴测投影。

(1)物体连同其参考直角坐标系沿着与任何一个坐标面都不平行的方向，用平行投影法将其投影在单一投影面上，所得到的投影称轴测投影，也称轴测投影图。

(2)根据投射方向是否垂直于轴测投影面，轴测投影可分为正轴测投影和斜轴测投影两类。

(3)正等轴测投影图的画法包括叠加法、切割法、坐标法和综合法。

(4)斜轴测投影图可分为正面斜二测图和水平斜等测图两种，绘制时除可采用叠加法、切割法、坐标法和综合法四种基本方法外，还可根据其自身的特性选择其他方法。

思考与练习

1. 轴测图是用什么方法在单一投影面上得到的图形？
2. 轴测图具有哪些基本特性？
3. 简述正等轴测投影图的画法。
4. 简述斜二测投影图的画法。
5. 如何恰当选择轴测投影？

项目五 剖面图和断面图

知识目标

通过本项目的学习，了解剖面图、断面图的形成与分类；掌握剖面图、断面图的绘制方法。

能力目标

能根据形体投影图正确绘制出剖面图和断面图；有较强的识读剖面图和断面图的能力。

任务一 剖面图

任务描述

工程构造物内部的不可见部分，在三面投影图中用虚线表示，如果不可见部分比较复杂，视图中就会出现较多的虚线，甚至虚、实线相互重叠或交叉，使图形很不清晰，也不便标注尺寸。而且在土建工程中，通常还要表达出结构的材料，为此国家标准规定可以采用剖切的画法。本任务要求学生掌握绘制剖面图的方法。

相关知识

一、剖面图的形成

用假想剖切面剖开形体，将处在观察者和剖切面之间的部分移去，而将其余部分向投影面作正投影所得到的视图称为剖面图。如图 5-1(a)为一台阶的三面投影图。W 面投影图中，由于踏步被侧面栏板遮住而不可见，所以，在 W 面投影图中要画成虚线。现假想用一侧平面 P 作为剖切平面，把台阶沿着踏步剖开，如图 5-1(b)所示，再移去观察者和剖切平面之间的那部分台阶，然后作出台阶剩下部分的投影，则得到如图 5-1(c)中所示的 1—1 剖面图。

二、剖面图的标注

1. 剖切位置

作剖面图时，一般使剖切平面平行于基本投影面，从而使断面的投影反映实形。剖切平面既为投影面平行面，与之垂直的投影面上的投影则积聚成一直线，此直线表示剖切位置，称为剖切位置线，简称剖切线。投影图中用断开的一对短粗实线表示，长度为 6~10 mm，并且不与其他图线相接触，如图 5-1(c)所示。

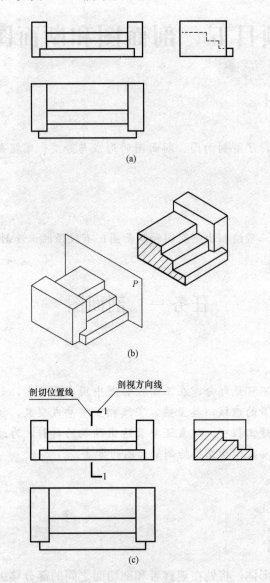

图 5-1　剖面图的形成

2. 投影方向

为表明剖切后剩余形体的投影方向，在剖切线两端的同侧用粗实线绘制剖视方向线。它应垂直于剖切位置线，长度应短于剖切位置线，宜为 4~6 mm，如图 5-1(c)所示。

3. 剖面图的编号

为了区分清楚，对每一次剖切都要进行编号，制图标准规定，对剖切位置用一对英文字母（如 A）或阿拉伯数字（如 1）表示，写在表示投影方向的一侧，并在所得相应的剖面图的上方居中写上对应的剖面编号名称，如图 5-1(c)所示。剖视剖切符号的编号按剖切顺序由左至右、由下向上连续编排，并应注写在剖视方向线的端部。

4. 材料图例

剖面图中包含了形体的断面，在断面图上必须画上表示建筑材料的图例（表 6-3），如果没有指明材料，可在断面处画上互相平行且间距相等的 45°细实线表示，称为剖面线，如图 5-2(a)所示。

由不同材料组成的同一物体，剖开后，在相应的断面上应画不同的材料图例，并用粗实线将处在同一平面上的两种材料图例隔开，如图 5-2(b)所示。

物体剖开后，当断面的范围很小时，材料图例可用涂黑表示，在两个相邻断面的涂黑图例间，应留有空隙，其宽度不得小于 0.5 mm，如图 5-2(c)所示。

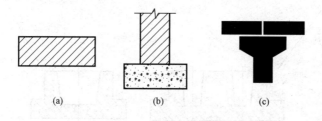

图 5-2　图例画法示例

【小提示】　在钢筋混凝土构件中，当剖面图主要用于表达钢筋分布时，构件被切开部分，不画材料符号，而改画钢筋。

知识链接

画剖面图时应注意的问题

(1)剖切平面的选择：一般选择投影面平行面，故在剖面图中反映截断面的实形，且剖面图与各投影图保持正投影应有的对应关系（长对正、高平齐、宽相等）。

(2)因剖切平面是假想的，除剖面图是剩余"体"的正投影，立体的其他面投影不受剖视图的影响，仍然按完整的物体来处理，各视图之间仍满足"长对正、高平齐、宽相等"的投影规律。

(3)剖面图中应画出可见轮廓线。剖切平面前方已剖去部分的可见轮廓线不应画出。

(4)剖面图中已经表达清楚的虚线一般可省去。没有表达清楚的部分，必要时可画出虚线。

三、剖面图的分类

1. 全剖面图

假想用一个剖切平面将形体全部剖开所画出的剖面图即为全剖面图，如图 5-3 所示，主要用于外形结构比较简单而内部结构比较复杂的形体或非对称结构的形体。全剖面图一般都要标注剖切线，只有当剖切平面与形体的对称平面重合，且全剖面图又为基本投影图的位置时，可以省去标注。

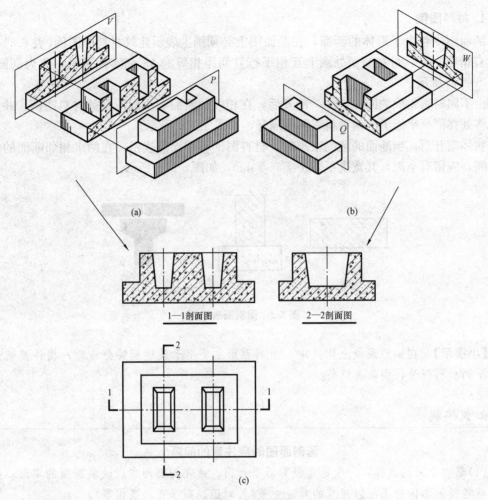

图 5-3 全剖面图

【例 5-1】 作出水池的 1—1、2—2 剖面图,如图 5-4(a)所示。

【解】 作图步骤如图 5-4(b)所示。

(1)观察剖切位置,想象将形体剖切开后切掉的部分和剩余部分的形状。

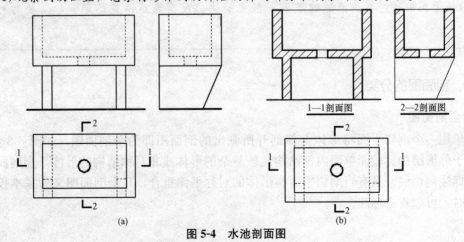

图 5-4 水池剖面图

(2)观察 1—1 剖面投影方向是朝 V 面投影,将 V 面投影中假想被切掉的部分的线段擦掉,并将能够看到的虚线画成实线,如图 5-4(b)中 1—1 剖面图所示。

(3)用同样的方法绘制 2—2 剖面图,如图 5-4(b)所示。

2. 半剖面图

当物体具有对称平面时,在垂直于对称平面上的投影面上投影所得图形,可以对称中心为界,一半画成视图,另一半画成剖面图,这样组合的图形称为半剖面图。半剖面图适用于内外结构都需要表达的对称物体,一半表示物体的外部形状,另一半表示物体的内部构造。

> **知识链接**
>
> **半剖面图绘制注意事项**
>
> (1)半个表示外形投影图和半个表示内部结构的剖面图的分界线应画成点画线,不画实线。若作为分界线的点画线刚好与轮廓线重合,则应避免用半剖面图。
>
> (2)在立体的半个剖面图中,内部结构已表达清楚时,对称分布在半个投影图中的虚线可省略不画。
>
> (3)半个剖面图习惯画于分界线的右侧或下方,如图 5-5 所示。

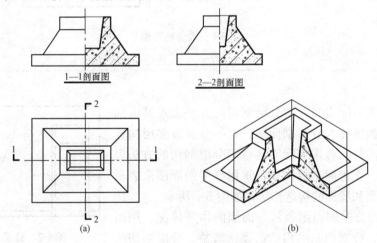

图 5-5 半剖面图
(a)投影图;(b)直观图

3. 局部剖面图

用剖切面局部剖开物体所得的剖视图称为局部剖面图。局部剖切的位置与范围用波浪线来表示。

局部剖面图通常用于以下几种情况:

(1)外形复杂,内部简单,而且需要保留大部分外形,只需表达局部内形的形体。

(2)形体轮廓与对称轴线重合,不宜采用半剖面或不宜采用全剖的形体,可采用局部剖面图。

> 知识链接

局部剖面图绘制注意事项

（1）局部剖切比较灵活，但应照顾看图方便，不应过于零碎。
（2）用波浪线表示形体断裂痕迹，应画在实体部分，不能超过视图轮廓线或画在中空部位，不能与图上其他线条重合。
（3）局部剖面图只是形体整个外形投影中的一个部分，不需标注，如图 5-6 所示。

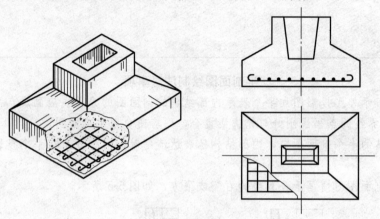

图 5-6　局部剖面图

有些时候按实际需要，用分层剖切的方法表示其内部构造得到的剖面图称为分层剖面图。对一些具有多层构造层次的建筑构配件，可按实际需要，用分层剖切的方法表示其内部构造。在房屋工程图中，常用分层剖面图来表示墙面、楼（地）面和屋面的构造作法，如图 5-7 所示。

图 5-7 是用分层剖面图表示一面墙的构造情况。用两条波浪线为界，分别把三层构造都表达清楚。分层剖切的剖面图，应按层次以波浪线将各层隔开，波浪线不应与任何图线重合。

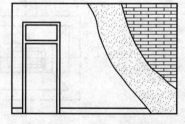

图 5-7　分层剖面图

4. 阶梯剖面图

用几个平行的剖切平面剖开物体的方法，称为阶梯剖。其适用于物体需要表达的内部结构的轴线或对称面不在同一平面内，但相互平行，宜采用几个平行的剖切平面剖切的情况。使用阶梯剖切时在剖切平面的起止和转折处均应标注剖切符号和投射方向。当剖切平面位置明显，又不致引起误解时，转折处可不标注剖切符号和投射方向。

【小提示】　因为剖切是假想的，所以在画阶梯剖面图时，剖切平面转折处的交线不能画出，如图 5-8 所示。

5. 展开剖面图

用两个或两个以上的相交平面剖切物体，所得的剖面图称为展开剖面图。当形体结构的两部分在一基本投影面上的投影成一定的角度，用一个剖切平面无法将各部分的形状、尺寸真实表达出来时，常采用展开剖面图。

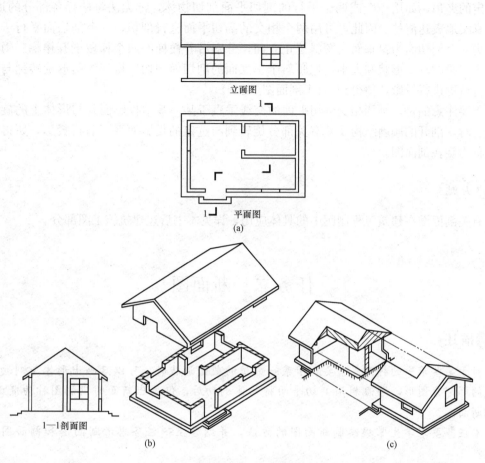

图 5-8　阶梯剖面图

【小提示】　展开剖面图的图名后应加注"展开"字样，如图 5-9 所示。

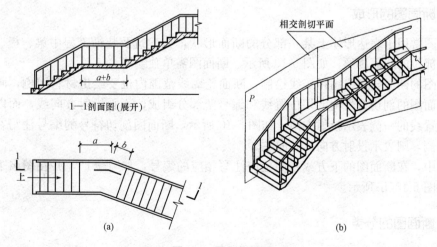

图 5-9　展开剖面图
(a)投影图；(b)直观图

图 5-9 所示为一楼梯的展开剖面图。由于楼梯的两个梯段之间在水平投影面上的投影成一定的夹角,如用一个或两个平行的剖切平面剖切物体,都无法将楼梯各部分的形状、尺寸真实地表达清楚。因此,可用两个相交的剖切平面进行剖切,一个剖切面平行于正立面,另一个剖切面为铅垂面,倾斜于正立面,分别沿着楼梯的两个梯段剖开楼梯。为了反映两个梯段的真实形状和大小,把倾斜于正立面的剖切面剖切后得到的图形旋转到与正立面平行后再进行投影,便得到 1—1 剖面图(展开)。

需要注意的是,当两相交剖切平面的交线垂直于某一基本投影面且与形体上的旋转轴线重合时,剖开的倾斜结构及其有关部分旋转到与选定的投影面平行后再投影,所得的剖面图称为旋转剖面图。

任务实施

有关剖面图在建筑工程制图中的具体应用,详见本书后述建筑施工图部分。

任务二 断面图

任务描述

对于某些单一的杆件或需要表示某一部位的截面形状时,可以只画出形体与剖切平面相交的那部分图形,即假想用剖切平面将物体剖切后,仅画出断面的投影图称为断面图,简称断面。

本任务要求学生掌握绘制断面图的方法,并结合上一任务思考断面图和剖面图有何区别?

相关知识

一、断面图的形成

断面图常用于表达形体上某一部分的断面形状,如建筑及装饰工程中梁、板、柱、造型等某一部位的断面真形,如图 5-10 所示。断面图需单独绘制。

断面图的断面轮廓线用粗实线绘制,断面轮廓线范围内也要绘出材料图例,画法同剖面图。断面图的剖切符号由剖切位置线和编号两部分组成,不画投射方向线,而以编号写在剖切位置线的一侧表示投射方向。如图 5-10 所示,断面图剖切符号的编号注写在剖切位置线的左侧,则表示投射方向从右向左。

视图中,在断面图的下方或一侧也应注写相应的编号,如"1—1",并在图名下画一粗实线,如图 5-10(b)所示。

二、断面图的分类

1. 移出断面图

画在视图轮廓线以外的断面图称为移出断面图。图 5-11 所示为钢筋混凝土梁、柱节点

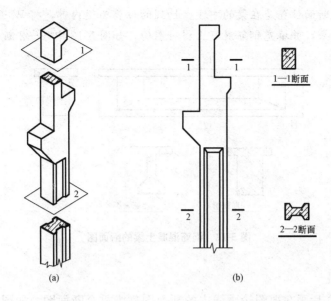

图 5-10 断面图的形成

的正立面图和移出断面图。

移出断面图的轮廓线用粗实线画出,可以画在剖切平面的延长线上或其他适当的位置。移出断面图一般应标注剖切位置、投射方向和断面名称,如图 5-11 所示。

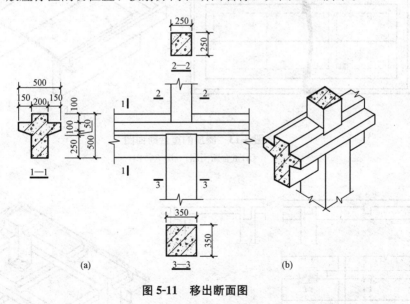

图 5-11 移出断面图

【**例 5-2**】 绘制钢筋混凝土梁的断面图,如图 5-12 所示。

【**解**】 作图步骤如下:

(1)观察剖切位置,想象将形体剖切开后剖切面的形状。

(2)观察 1—1 断面投影方向是朝 W 面方向投影,切到的位置是梁的实心位置,将 W 面投影中没被切到的内部虚线段擦掉,并在实线内填充钢筋混凝土材料图例,如图 5-12 中"1—1 断面图"所示。

(3)观察 2—2 断面位置是在梁的中段,切到的位置为梁内部,将 W 面投影中虚线段和梁顶、梁底线提出来,并填充钢筋混凝土材料图例,如图 5-12 中"2—2 断面图"所示。

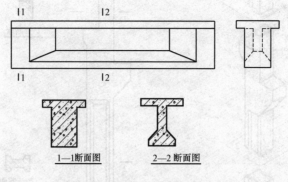

图 5-12 钢筋混凝土梁的断面图

2. 重合断面图

将断面旋转 90°后画在视图轮廓线内的断面图称为重合断面图,如图 5-13 所示。重合断面图的比例应与原投影图一致,如图 5-14 所示。

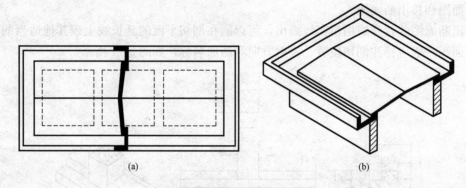

图 5-13 屋顶的重合断面图
(a)重合断面图;(b)立体图

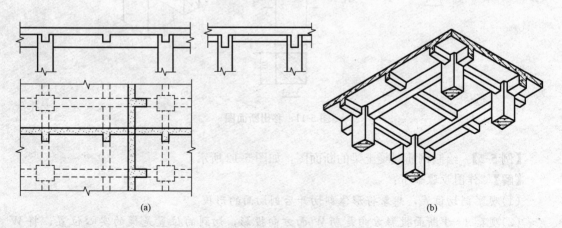

图 5-14 现浇板的重合断面图
(a)重合断面图;(b)立体图

3. 中断断面图

有些构件较长且断面图对称,可以将断面图画在构件投影图的中断处。画在投影图中断处的断面图称为中断断面图。

中断断面图的轮廓线用粗实线绘制,投影图的中断处用波浪线或折断线绘制,如图 5-15、图 5-16 所示。此时不画剖切符号,图名还用原图名。

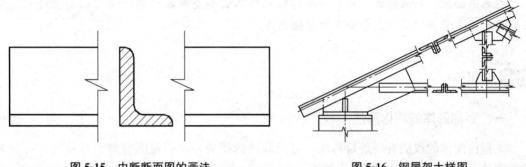

图 5-15　中断断面图的画法　　　　　　图 5-16　钢屋架大样图

任务实施

断面图与剖面图的区别如下:

(1)断面图仅是一个"面"的投影,而剖面图是物体被剖切后剩下部分的"体"的投影,具体区别如图 5-17 所示。

(2)剖切符号的标注不同。断面图的剖切符号只画出剖切位置线,不画投射方向线,而是用编号的注写位置来表示剖切后的投射方向。如编号写在剖切位置线下侧,表示向下投射;注写在左侧,表示向左投射。

(3)剖面图中的剖切平面可转折,断面图中的剖切平面则不能转折。

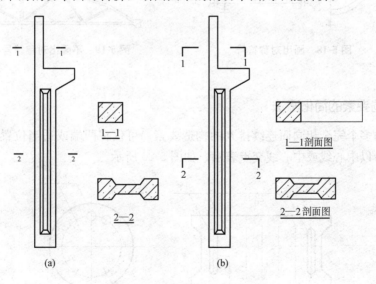

图 5-17　剖面图与断面图的区别
(a)断面图;(b)剖面图

任务三　图样的简化画法

任务描述

在画剖面图、断面图时，如果一些特殊构件不需要全部画出其投影可以简化绘制。本任务要求学生掌握剖面图、断面图的简化画法。

相关知识

一、对称形体的简化画法

工程构配件的视图有一条对称线，可只画该视图的一半；视图有两条对称线，可只画该视图的1/4，并画出对称符号，如图5-18所示。对称符号由对称线和两端的两对平行线组成。对称线用细单点长画线绘制；平行线用细实线绘制，其长度宜为6～10 mm，每对的间距宜为2～3 mm；对称线垂直平分于两对平行线，两端超出平行线宜为2～3 mm。

图形也可稍超出其对称线，此时可不画对称符号，如图5-19所示。对称的形体需画剖视图或断面图时，可以对称符号为界，一半画视图（外形图），一半画剖面图或断面图，即半剖面图。

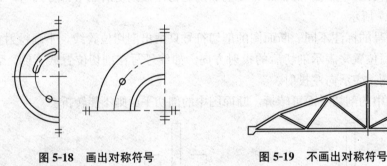

图5-18　画出对称符号　　　　图5-19　不画出对称符号

二、相同要素的简化画法

构配件内多个完全相同而连续排列的构造要素，可仅在两端或适当位置画出其完整形状，其余部分以中心线或中心线交点表示，如图5-20所示。

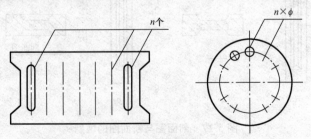

图5-20　相同要素的简化画法

三、折断的简化画法

较长的构件,当沿长度方向的形状相同或按一定规律变化时,可断开省略绘制,断开处应以折断线表示,如图 5-21 所示。

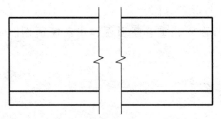

图 5-21　折断的简化画法

四、工程构件局部不同的简化画法

一个工程构配件如与另一工程构配件仅部分不相同,该构配件可只画不同部分,但应在两个构配件的相同部分与不同部分的分界线处分别绘制连接符号,如图 5-22 所示。连接符号应以折断线表示需连接的部位。当两部位相距过远时,折断线两端靠图样一侧应标注大写拉丁字母表示连接编号。两个被连接的图样应用相同的字母编号。

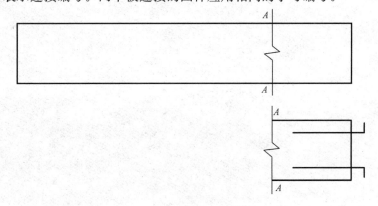

图 5-22　工程构件局部不同的简化画法

任务实施

在工程制图中,具体应用简化画法进行制图,以便节省时间,提高绘图效率。

➤ 项目小结

本项目主要介绍了剖面图、断面图的绘图基础。

(1)用假想剖切面剖开形体,将处在观察者和剖切面之间的部分移去,而将其余部分向投影面作正投影所得到的视图称为剖面图。

(2)剖面图可分为全剖面图、半剖面图、局部剖面图、阶梯剖面图和展开剖面图。

(3)对于某些单一的构件或需要表示某一部位的截面形状时，可以只画出形体与剖切平面相交的那部分图形，即假想用剖切平面将物体剖切后，仅画出断面的投影图称为断面图，简称断面。断面图常用于表达形体上某一部分的断面形状，如建筑及装饰工程中梁、板、柱、造型等某一部位的断面真形。

(4)断面图可分为移出断面图、重合断面图和中断断面图。

▶思考与练习

1. 画剖面图时应注意哪些问题？
2. 什么是全剖面图和半剖面图？它们各适用于什么场合？
3. 画半剖面图应注意哪些问题？
4. 什么是断面图？其适用于什么场合？
5. 断面图和剖面图有何区别？

项目六　房屋建筑工程图基础知识

知识目标

通过本项目的学习，了解房屋建筑的组成与作用，建筑工程图的分类与编排顺序、房屋建筑制图标准的相关规定等。

能力目标

能说出组成房屋的主要构件、名称、作用；能说出一套房屋建筑工程图所包含的图样及编排顺序；清楚房屋建筑制图标准的相关规定。

任务一　房屋的组成及其作用

任务描述

房屋是供人们生活、生产、工作、学习和娱乐的场所，与人们的生活密切相关。本任务要求学生对组成房屋的主要构件和附属构件有所了解。

相关知识

一、房屋的分类

房屋建筑根据使用功能和使用对象的不同分为很多种类，一般可归纳为民用建筑、工业建筑、农用建筑等。其中民用建筑又分为居住建筑和公共建筑两类。居住建筑是指供人们休息、生活起居所用的建筑物，如住宅楼、宿舍等；公共建筑是指供人们进行政治、经济、文化、体育、医疗等活动所需的建筑物，如学校、医院、体育馆、电影院等。

尽管各种类型的房屋功能、外形、规模不同，但其基本的组成内容是相似的。房屋的第一层称为底层（或称一层或首层），往上数，称为二层、三层……顶层。现结合图6-1所示某住宅楼将房屋各组成部分的名称及其作用做一简单介绍。

二、房屋的组成及作用

1. 基础

基础是房屋最下部埋在土中的扩大构件，承受着房屋的全部荷载，并将荷载传递给地基（基础下面的土层）。如图6-1中的1。

2. 楼地面

楼面和地面是划分房屋内部空间的水平构件，具有承重、竖向分隔和水平支撑的作用，并将楼板层上的荷载传递给墙（梁）或柱。楼面是指二层或二层以上的楼板或楼盖。地面又称为底层地坪，是指第一层楼面。如图6-1中的2、3。

3. 墙与柱

墙与柱是房屋的纵向承重构件，承受楼地面和屋顶传来的荷载，并将这些荷载传递给基础。墙按受力情况可分为承重墙和非承重墙；按位置可分为内墙和外墙；按方向可分为纵墙和横墙。两端的横墙通常称为山墙。如图6-1中的4。

4. 楼梯

楼梯是各楼层之间的垂直交通设施，供人们上下楼层和紧急疏散之用。如图6-1中的5。

5. 门窗

门窗是房屋的围护构件。门的主要功能是交通和分隔房间；窗的主要功能则是通风、采光和眺望，同时还具有分隔和围护作用。如图6-1中的6、7。

6. 屋顶

屋顶是房屋顶部的维护和承重构件，主要作用是承重、保温隔热和防水排水。它主要承受着风、霜、雨、雪的侵蚀、外部荷载以及自身重量，并将这些荷载传递给墙（梁）或柱。如图6-1中的8。

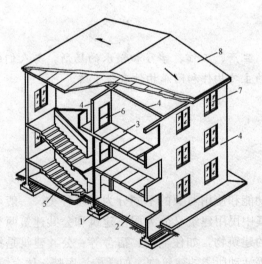

图6-1 房屋的组成
1—基础；2—地面；3—楼面；4—墙；5—楼梯；6—门；7—窗；8—屋顶

除此之外，房屋还包括有起排水作用的天沟、雨水管、散水、明沟、雨篷等；起保护墙身作用的勒脚、防潮层等；起晾晒休闲作用的阳台等。

任务实施

能说出一幢房子主要的承重构件和附属配件，具体任务实施见习题集。

任务二　建筑工程图的产生及其分类

任务描述

本任务要求学生了解一套房屋建筑工程图所包含的图样以及它的编排顺序。

相关知识

一、建筑工程图的产生

每一项建筑工程的建造都要经过下列程序：编制工程设计任务书→选择建设用地→场地勘测→设计→施工→设备安装→工程验收→交付使用和回访总结。其中设计阶段是重要环节，一般可分为初步设计和施工图设计两个阶段。对一些技术上复杂而又缺乏设计经验的工程，还应增加技术设计（或称扩大初步设计）阶段，作为协调各工种的矛盾和绘制施工图的准备。

初步设计的目的是提出方案，详细说明该建筑的平面布置、立面处理、结构选型等内容。施工图设计是为了修改和完善初步设计，以符合施工需要，在已批准的初步设计基础上完成建筑、结构、水、暖、电的各项设计。现将两阶段的设计工作，简单介绍如下。

1. 初步设计阶段

（1）设计前的准备：根据建设单位提出的设计任务和要求，学习有关政策、规范，收集资料，调查研究。

（2）方案设计：主要通过设计说明书、总平面布置图、平面图、立面图、剖面图、透视图等图样全方位地表达设计意图。

（3）绘制初步设计图：方案设计交有关部门审批确定和通过后，需进一步将方案设计的构想转变为实际工程设计，通过对方案设计的"加工"，使之能满足工程上的各种需求，为下一步的施工图设计做好准备。例如，需要解决构件的选型、布置和各工种之间的配合等技术问题，以及落实各种相关的建筑规程规范。图样用绘图仪器或者计算机软件按一定比例精准绘制好后，再送交有关部门审批。

【小提示】　初步设计建筑图的内容：设计说明书，节能计算报告，总平面布置图，建筑平、立、剖面图。

2. 施工图设计阶段

施工图设计主要是将已获批准的初步设计图具体化，以满足施工要求，为施工安装、编制施工图预算、安排材料和设备、制作非标准配构件提供完整正确的图纸。

施工设计图是对初步设计图的进一步补充和完善，需要将施工中的一些具体要求，明确地反映在这套图纸中，是建造房子的技术依据，是直接为施工服务的图样，整套图纸要求完整统一、尺寸齐全、明确无误。

二、建筑工程图的分类和编排顺序

一套完整的施工图，根据其专业内容或作用的不同，一般分为以下几项：

(1)图纸目录：先列新绘制的图纸，后列所选用的标准图纸或重复利用图纸。

(2)设计总说明：内容一般包括本工程施工图的设计依据，本工程的名称、建设地点、建设单位、设计规模和相关经济技术指标等。

(3)建筑施工图(简称建施)：包括总平面图、平面图、立面图、剖面图和构造详图，给建筑工程提供准确的建筑物的外形轮廓、大小尺寸、结构构造和材料做法。

(4)结构施工图(简称结施)：包括结构平面布置图和各构件的结构详图，给建筑工程提供房屋建筑承受外力作用下的结构部分的全部构造的图纸。

(5)设备施工图(简称设施)：包括给水排水、电气、采暖通风等设备的平面布置图和详图。

【小提示】 各专业施工图的编排顺序是：基本图在前、详图在后；总体图在前、局部图在后；主要部分在前、次要部分在后；先施工的图在前、后施工的图在后等。

任务实施

能说出一套房屋建筑工程图所包含的图样及编排顺序。

任务三　房屋建筑制图与识图方法

任务描述

本任务要求学生了解房屋建筑制图标准中对图线、比例、符号、图例的相关规定，为准确识读并绘制房屋建筑工程图打基础。

相关知识

一、房屋建筑制图标准的相关规定

识读和绘制房屋的建筑施工图，应依据正投影原理，并遵守《房屋建筑制图统一标准》(GB/T 50001—2010)的规定；在识读和绘制总平面图时还应遵守《总图制图标准》(GB/T 50103—2010)的规定；在识读和绘制建筑平面图、建筑立面图、建筑剖面图和建筑详图时还应遵守《建筑制图标准》(GB/T 50104—2010)的规定。

1. 图线

在建筑施工图中，为了表明不同的内容并使层次分明，须采用不同线型和线宽的图线来绘制，见表6-1。总的原则是剖切面的截交线和房屋立面图中的外轮廓线用粗实线，次要的轮廓线用中粗线，其他线一律用细线。再者，可见部分用实线，不可见部分用虚线。

表6-1 建筑施工图中相关图线的线型、线宽及用途

线型名称	线宽	用途
粗实线	b	1. 平、剖面图中被剖切的主要建筑构造(包括构配件)的轮廓线； 2. 建筑立面图或室内立面图的外轮廓线； 3. 建筑构造详图中被剖切的主要部分的轮廓线； 4. 建筑构配件详图中的外轮廓线； 5. 平、立、剖面图的剖切符号
中粗实线	$0.7b$	1. 平、剖面图中被剖切的次要建筑构造(包括构配件)的轮廓线； 2. 建筑平、立、剖面图中建筑构配件的轮廓线； 3. 建筑构造详图及建筑构配件详图中的一般轮廓线
中实线	$0.5b$	小于$0.7b$的图形线、尺寸线、尺寸界线、图例线、索引符号、标高符号、详图材料做法引出线、粉刷线、保温层线，地面、墙面的高差分界线等
细实线	$0.25b$	图例填充线、家具线、纹样线等
中粗虚线	$0.7b$	1. 建筑构造详图及建筑构配件不可见的轮廓线； 2. 平面图中的起重机(吊车)轮廓线； 3. 拟建、扩建的建筑物轮廓线
中虚线	$0.5b$	投影线、小于$0.5b$的不可见轮廓线
细虚线	$0.25b$	图例填充线、家具线等
粗单点长画线	b	起重机(吊车)轨道线
细单点长画线	$0.25b$	中心线、对称线、定位轴线
细折断线	$0.25b$	部分省略表示时的断开界线
细波浪线	$0.25b$	部分省略表示时的断开界线、曲线形构件的断开界线、构造层次的断开界线

注：地平线线宽可采用$1.4b$。

2. 比例

在建筑施工图中选用的各种比例，宜符合表6-2中的规定。

表6-2 建筑施工图的比例

图名	比例
总平面图	1：300、1：500、1：1 000、1：2 000
建筑物或构筑物的平面图、立面图、剖面图	1：50、1：100、1：150、1：200、1：300
建筑物或构筑物的局部放大图	1：10、1：20、1：25、1：30、1：50
配件及构造详图	1：1、1：2、1：5、1：10、1：15、1：20、1：25、1：30、1：50

3. 定位轴线

建筑施工图中通常将确定房屋的基础、墙、柱和屋架等主要承重构件的轴线画出，并进行编号，以便于施工时定位放线和查阅图纸，这些轴线称为定位轴线。

定位轴线采用细单点长画线表示。定位轴线应编号，编号应注写在轴线端部的圆内。定位轴线圆应用细实线绘制，直径为8～10 mm，其圆心应在定位轴线的延长线或延长线的折线上。平面图上定位轴线的编号，一般宜标注在图样的下方或左侧。横向编号应用阿拉

伯数字，按从左至右的顺序编号；竖向编号应用大写拉丁字母，按从下至上的顺序编写。拉丁字母作为轴线号时，应全部采用大写字母，不应用同一个字母的大小写来区分轴线号。拉丁字母的I、O、Z不得用于轴线编号，如图6-2所示。

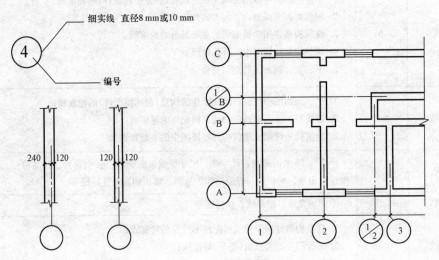

图6-2 定位轴线示例

对于非承重墙及次要的承重构件，有时用附加定位轴线表示其位置。其编号可用分数表示。分母表示前一轴线的编号，分子表示附加轴线的编号，用阿拉伯数字顺序编写。如图6-3所示，1号轴线或A号轴线之前的附加轴线的分母应以01或0A表示。

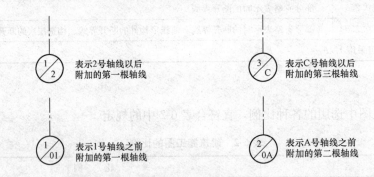

图6-3 附加定位轴线

在画详图时，如一个详图适用于几个轴线，应同时将各有关轴线的编号注明，如图6-4所示。

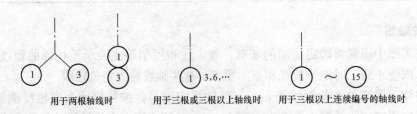

图6-4 详图的定位轴线编号

4. 索引符号和详图符号

建筑施工图中某一局部或构件如无法表达清楚,通常将其用较大的比例放大画出详图。为方便施工时对照查阅图样,常常用索引符号和详图符号来反映基本图与详图之间的对应关系。

(1)索引符号。索引符号由直径为 8~10 mm 的圆和水平直径组成,圆及水平直径应以细实线绘制,如图 6-5(a)所示。索引符号应按下列规定编写:

1)索引出的详图如与被索引的详图同在一张图纸内,应在索引符号的上半圆中用阿拉伯数字注明该详图的编号,并在下半圆中间画一段水平细实线,如图 6-5(b)所示。

2)索引出的详图如与被索引的详图不在同一张图纸内,应在索引符号的上半圆中用阿拉伯数字注明该详图的编号,在索引符号的下半圆用阿拉伯数字注明该详图所在图纸的编号,如图 6-5(c)所示。数字较多时,可加文字标注。

3)索引出的详图如采用标准图,应在索引符号水平直径的延长线上加注该标准图册的编号,如图 6-5(d)所示。需要标注比例时,文字在索引符号右侧或延长线下方,与符号下对齐。

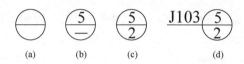

图 6-5 索引符号

索引符号如用于索引剖面详图,应在被剖切的部位绘制剖切位置线,并以引出线引出索引符号,引出线所在的一侧应为剖视方向。图 6-6(a)所示从左向右剖视,详图为本张图纸中的 1 号详图;图 6-6(b)所示从上向下剖视,详图为本张图纸中的 2 号详图;图 6-6(c)所示从下向上剖视,详图为 4 号图纸中的 3 号详图;图 6-6(d)所示从左向右剖视,详图为 J103 标准图集第 5 页中的 4 号详图。

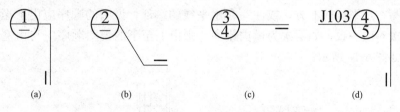

图 6-6 用于索引剖面详图的索引符号

(2)详图符号。详图的位置和编号应以详图符号表示。详图符号的圆直径为 14 mm,应以粗实线绘制。详图应按下列规定编号:

1)详图与被索引的图样同在一张图纸内时,应在详图符号内用阿拉伯数字注明详图的编号,如图 6-7(a)所示。

2)详图与被索引的图样不在同一张图纸内时,应用细实线在详图符号内画一水平直径,在上半圆中注明详图编号,在下半圆中注明被索引的图纸的编号,如图 6-7(b)所示。

5. 引出线

在建筑施工图中,某些部位需要用文字说明或详图加以说明的,通常用引出线从该部

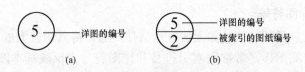

图 6-7 详图符号

位引出说明。引出线应以细实线绘制，宜采用水平方向的直线，或与水平方向成30°、45°、60°、90°的直线，或经上述角度再折为水平线。文字说明宜注写在水平线的上方[图 6-8(a)]，也可注写在水平线的端部[图 6-8(b)]。索引详图的引出线，应与水平直径线相连接。

图 6-8 引出线

同时引出的几个相同部分的引出线，宜互相平行[图 6-9(a)、(c)]，也可画成集中于一点的放射线[图 6-9(b)]。

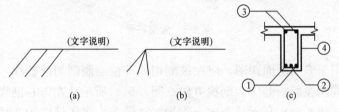

图 6-9 共同引出线

多层构造或多层管道共用引出线，应通过被引出的各层，并用圆点示意对应各层。文字说明宜注写在水平线的上方，或注写在水平线的端部；说明的顺序应由上至下，并应与被说明的层次对应一致；如层次为横向排序，则由上至下的说明顺序应与由左至右的层次对应一致，如图 6-10 所示。

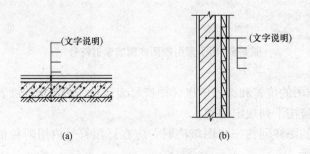

图 6-10 多层共用引出线

6. 标高

标高符号应以直角等腰三角形表示，按图 6-11(a)所示形式用细实线绘制，如标注位置不够，也可按图 6-11(b)所示的形式绘制。标高符号的具体画法如图 6-11(c)、(d)所示。

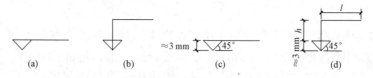

图 6-11 标高符号

l—取适当长度注写标高数字；*h*—根据需要取适当高度

总平面图室外地坪标高符号，宜用涂黑的三角形表示，具体画法如图 6-12 所示。

图 6-12 总平面图室外地坪标高符号

标高数字应以"米"为单位，精确到小数点后第三位；在总平面图中，可精确到小数点以后第二位。零点标高应注写成±0.000，正数标高不注"＋"，负数标高应注"－"，如 3.000、－0.600。标高数字应注写在标高符号的上侧或下侧。标高符号的尖端应指至被注高度的位置，尖端宜向下，也可向上，如图 6-13 所示。

在图样的同一位置需表示几个不同标高时，标高数字可按图 6-14 的形式注写。

图 6-13　标高的指向　　　图 6-14　同一位置注写多个标高数字

标高有绝对标高和相对标高之分。所谓绝对标高，是指以我国青岛市外的黄海海平面作为零点所测定的高度尺寸。在实际施工中，用绝对标高不方便，因此，习惯上常用将房屋底层的室内主要地面高度定为零点的相对标高，比零点高的标高为"正"，比零点低的标高为"负"。在施工总说明中，应说明相对标高与绝对标高之间的联系。

知识链接

建筑标高与结构标高

房屋的标高还有建筑标高和结构标高的区别。如图 6-15 所示，建筑标高是构件包括粉饰在内的、装修完成后的标高；结构标高则不包括构件表面的粉饰层厚度，是构件的毛面标高。

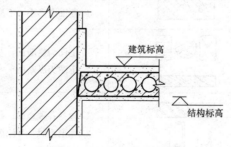

图 6-15 建筑标高与结构标高

7. 指北针

指北针通常绘制在总平面图和建筑首层平面图上。指北针的形状如图 6-16 所示,其圆的直径宜为 24 mm,用细实线绘制;指针尾部的宽度宜为 3 mm,指针头部应注"北"或"N"字样。需用较大直径绘制指北针时,指针尾部的宽度宜为直径的 1/8。

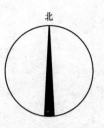

图 6-16 指北针

8. 常用建筑材料图例

常用建筑材料应按《房屋建筑制图统一标准》(GB/T 50001—2010)所规定的图例画法绘制,表 6-3 中摘录了其中部分建筑材料图例。

表 6-3 常用的建筑材料图例

名称	图例	备注
自然土壤		包括各种自然土壤
夯实土壤		
砂、灰土		
焦渣、矿渣		包括与水泥、石灰等混合而成的材料
石材		
毛石		
普通砖		1. 包括实心砖、多孔砖、砌块等砌体; 2. 断面较窄不易画出图例线时,可涂红,并在图纸备注中加注说明,画出该材料图例
空心砖		指非承重砖砌体
耐火砖		包括耐酸砖等砌体
饰面砖		包括铺地砖、马赛克、陶瓷锦砖、人造大理石等
混凝土		1. 本图例指能承重的混凝土及钢筋混凝土; 2. 包括各种强度等级、集料、添加剂的混凝土; 3. 在剖面图上画出钢筋时,不画图例线; 4. 断面图形小,不易画出图例线时,可涂黑
钢筋混凝土		
木材		1. 上图为横断面,左上图为垫木、木砖或木龙骨; 2. 下图为纵断面
金属		1. 包括各种金属; 2. 图形小时,可涂黑
多孔材料		包括水泥珍珠岩、沥青珍珠岩、泡沫混凝土、非承重加气混凝土、软木、蛭石制品等

续表

名称	图例	备注
纤维材料	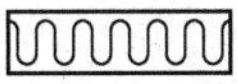	包括矿棉、岩棉、玻璃棉、麻丝、纤维板、木丝板等
泡沫塑料材料	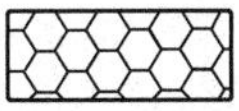	包括聚苯乙烯、聚氨酯、聚乙烯等多孔聚合物材料
胶合板	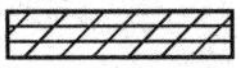	应注明为×层胶合板
石膏板	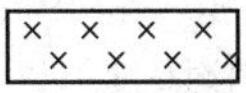	包括圆孔、方孔石膏板、防水石膏板、硅钙板、防火板等

9. 构造及配件图例

由于建筑平面图、立面图、剖面图常用的比例较小，图样中的一些构造和配件难以也不必要按其实际投影情况画出，只需用规定的图例表示即可。表6-4中摘录了《建筑制图标准》(GB/T 50104—2010)中规定的部分图例。

表6-4 常用的构造及配件图例

名称	图例	备注
楼梯		1. 上图为顶层楼梯平面，中图为中间层楼梯平面，下图为底层楼梯平面。 2. 需设置靠墙扶手或中间扶手时，应在图中表示
坡道	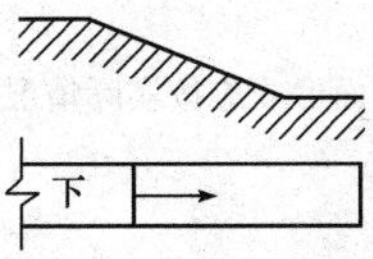	长坡道
	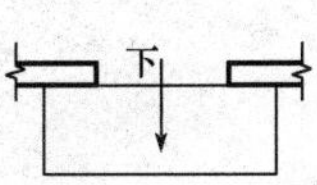	两侧垂直的门口坡道
	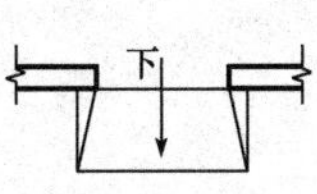	两侧找坡的门口坡道

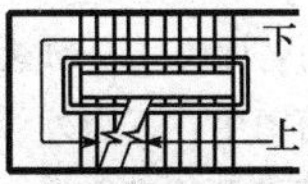

续表

名称	图例	备 注
台阶	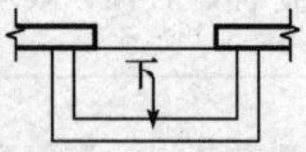	
空门洞	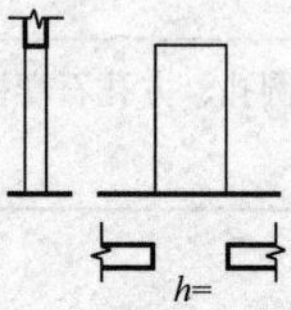	h 为门洞高度
单面开启单扇门（包括平开或单面弹簧）	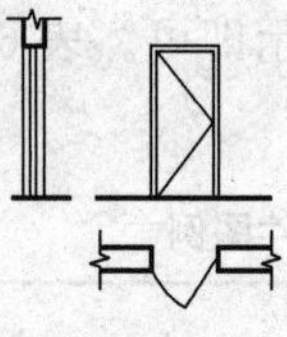	
双面开启单扇门（包括双面平开或双面弹簧）	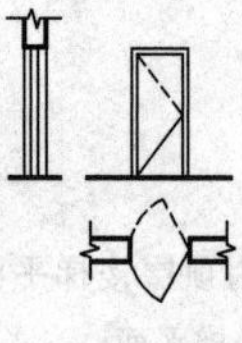	1. 门的名称代号用 M 表示。 2. 平面图中，下为外、上为内。门开启线为 90°、60° 或 45°，开启弧线宜绘出。 3. 立面图中，开启线实线为外开，虚线为内开。开启线交角的一侧为安装合页一侧。开启线在建筑立面图中可不表示，在立面大样图中可根据需要绘出。 4. 剖面图中，左为外、右为内。 5. 附加纱扇应以文字说明，在平、立、剖面图中均不表示。 6. 立面形式应按实际情况绘制
单面开启双扇门（包括平开或单面弹簧）	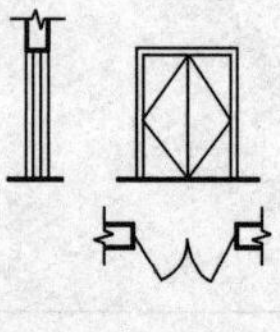	
双面开启双扇门（包括双面平开或双面弹簧）	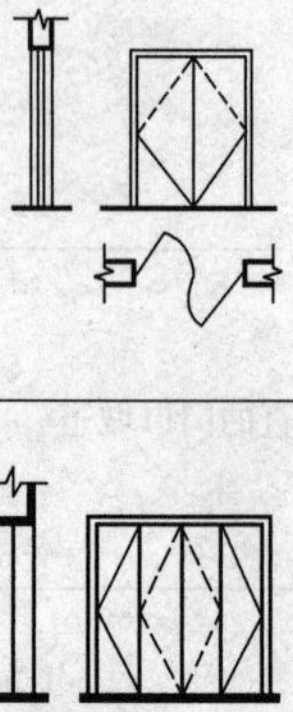	
折叠门		

续表

名称	图例	备 注
墙中单扇推拉门	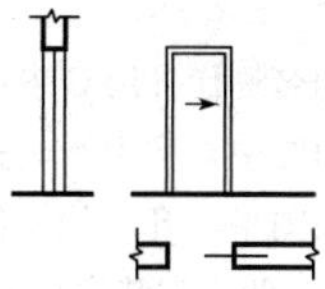	1. 门的名称代号用 M 表示。 2. 立面形式应按实际情况绘制
墙中双扇推拉门		
固定窗	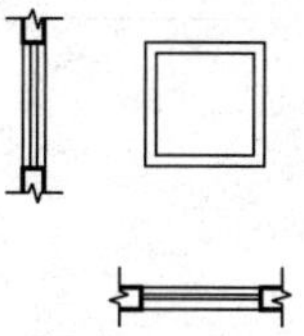	1. 窗的名称代号用 C 表示。 2. 平面图中，下为外，上为内。 3. 立面图中，开启线实线为外开，虚线为内开。开启线交角的一侧为安装合页的一侧。开启线在建筑立面图中可不表示，在门窗立面大样图中需绘出。 4. 剖面图中，左为外、右为内。虚线仅表示开启方向，项目设计不表示。 5. 附加纱窗应以文字说明，在平、立、剖面图中均不表示。 6. 立面形式应按实际情况绘制
上悬窗		
中悬窗		
下悬窗		
单层外开平开窗		

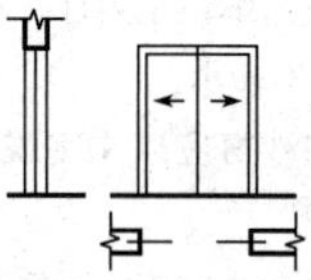

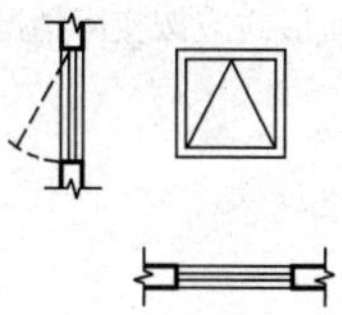

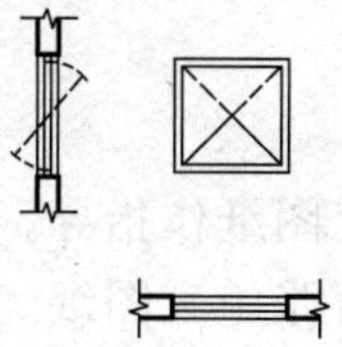

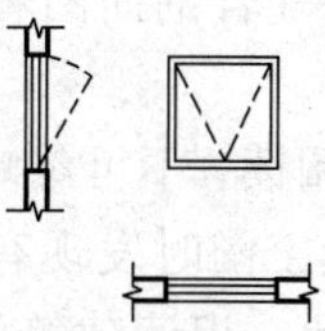

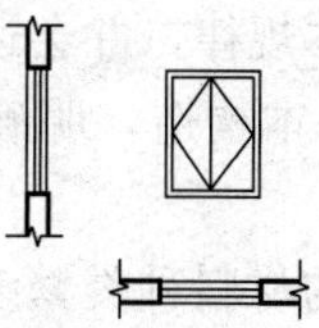

续表

名称	图例	备 注
单层内开平开窗	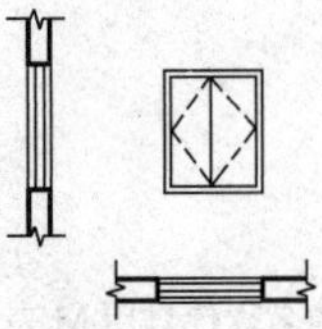	1. 窗的名称代号用C表示。 2. 平面图中,下为外,上为内。 3. 立面图中,开启线实线为外开,虚线为内开。开启线交角的一侧为安装合页的一侧。开启线在建筑立面图中可不表示,在门窗立面大样图中需绘出。 4. 剖面图中,左为外、右为内。虚线仅表示开启方向,项目设计不表示。 5. 附加纱窗应以文字说明,在平、立、剖面图中均不表示。 6. 立面形式应按实际情况绘制
双层内外开平开窗		
单层推拉窗	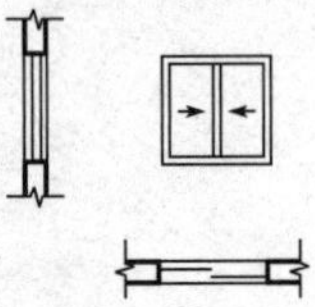	1. 窗的名称代号用C表示。 2. 立面形式应按实际情况绘制
上推窗		

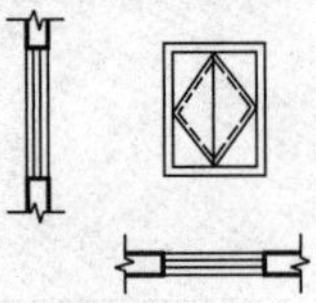

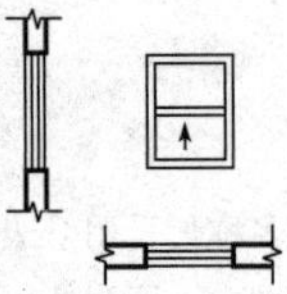

二、识读建筑工程图的一般方法

一幢建筑物从施工到建成,需要有全套建筑施工图纸作指导。简单的建筑物可能有几张或十几张图纸,复杂的建筑物要画几十张甚至几百张施工图纸。阅读这些施工图纸要先从大方面看,然后再依次阅读细小部位,先粗看后细看。例如,对于单个建筑物要看清楚平面图的占地面积,对照立面图看外观及材料做法,配合剖面图看内部分层结构,最后看详图知道细部构造和具体尺寸与做法。

阅读结构施工图也要由粗到细,互相对照,仔细阅读,不可忽略每一个细部构造,如预留孔洞、预埋支架等。若在识读建筑施工图和结构施工图时发现有矛盾,要以结构图中的尺寸为依据,以保证建筑物的强度和施工质量。因此,识读建筑施工图或结构施工图时,要注意下面几个问题:

(1)具备正投影原理的读图能力,掌握正投影基本规律,并会运用这种规律在头脑中将平面图形变成立体实物。同时,还要熟悉房屋建筑基本构造,明确比例和实物之间的倍数关系。

(2)建筑物的内、外装修做法以及构配件所使用的材料种类繁多,它们都是按照建筑制图国家标准规定的图例符号表示的,因此,必须熟悉各种图例符号。

(3)图纸上的线条、符号、数字应互相核对,要把建筑施工图中的平面图、立面图、剖面图和详图查阅清楚,还要与结构施工图中的所有相应部位核对一致,才能把全部图纸读懂。

任务实施

对房屋建筑制图标准中图线、比例、定位轴线、索引符号、标高、图例等规定有一定了解,具体任务实施见习题集。

项目小结

本项目主要介绍了房屋建筑的组成、建筑工程图纸的分类与编排、建筑制图标准的相关规定等。

(1)房屋建筑一般由基础、楼地面、墙与柱、楼梯、门窗、屋顶等部分组成。

(2)一套房屋建筑工程图根据专业和分工不同分为:"建施""结施""设施"。

(3)房屋建筑制图标准对于图线、比例、定位轴线、索引符号、标高、图例等都做了统一的规定。熟悉规定有助于准确识图、绘图。

(4)总结识读房屋建筑图的一般方法。

思考与练习

1. 房屋建筑的基本组成有哪些?它们各自有何作用?
2. 简述房屋建筑工程图所包含的图样及编排顺序。
3. 简述定位轴线、索引符号的含义。
4. 简述识读建筑工程图的一般方法。

项目七　建筑施工图

知识目标

通过本项目的学习，掌握建筑总平面图、建筑平面图、建筑立面图、建筑剖面图、建筑详图的图示内容和画法规定。

能力目标

能识读建筑总平面图、建筑平面图、建筑立面图、建筑剖面图、建筑详图。

任务一　图纸目录、设计总说明

任务描述

按照建筑制图规定，用正投影方法，完整地表达一幢拟建房屋的内外形状和大小、平面布置、楼层层高、建筑构造、装饰做法等的工程图样，称为房屋的建筑施工图。在施工图的编排中，通常将图纸目录作为整套施工图的首页，将建筑设计总说明作为第二页，然后是建筑装修及工程做法、门窗表等。本任务要求学生通过学习、实践活动等，编制一份建筑施工图图纸目录和设计总说明。

相关知识

一、图纸目录

图纸目录用表格的形式列出了全套图纸的类别、编号、图名以及备注等内容，以便于查阅图纸及对整套图纸有一个全面的了解。注意，如采用标准图，应写出所使用标准图的名称、所在的标准图集的图号或页次。

二、设计总说明

建筑设计总说明是施工图样的必要补充，主要是对图样中未能表达清楚的内容用文字加以详细说明。其内容一般包括以下几项：

(1)本工程施工图的设计依据。

(2)本工程的名称、建设地点、建设单位、设计规模和相关经济技术指标。

(3)本工程的建筑工程等级、设计使用年限、建筑层数和建筑高度、防火设计以及建筑分类和耐火等级、人防工程以及相关等级、屋面防水等级、地下室防水等级、抗震设防烈度等。

(4)本工程的相对标高与总图绝对标高的对应关系。

(5)本工程室内外的用料说明和相关建筑构造的标准做法，如砖强度等级、砂浆强度等级、墙身防潮层、地下室防水、屋面防水、勒脚、散水、台阶、室内外装修等做法。

(6)本工程的门窗表及门窗性能(防火、隔声、防护、抗风压、保温、空气渗透、雨水渗透等)，用料、颜色、玻璃和五金件等设计要求。

(7)本工程的幕墙工程(包括玻璃、石材、金属等)的性能、制作要求以及防火、隔声、安全的构造要求。

(8)本工程的设备要求，如电梯、自动扶梯、厨卫洁具、灯具等。

(9)本工程的相关补充说明。例如，对于楼板或者墙体预留孔洞需要封堵的封堵方式说明；阳台栏杆、落地玻璃的防护措施和做法要求；采用新技术、新材料或有特殊要求的做法说明等(如屋顶采用玻璃顶或膜结构)。

任务实施

现将某别墅的建筑施工图图纸目标(图 7-1)、设计总说明摘录如下。学生可参考进行具体编制。

××××××建筑设计院
图纸目录

工程名称：××××××　　　　　　　　　　工程编号：××-×-××
子项名称：10#栋　　　　　　　　　　　　子项编号：
专业名称：建筑　设计阶段：施工图　建筑面积：×××m²　工程造价：
　　　　　　　　　　　　　　　　日　　期：2016.10　　页　次：第1页，共1页

序号	图号	图 名	版 号	日 期	备注
1	A-00	图纸目录	0	2016.10	
2	A-01	总图	0	2016.10	
3	A-02	建筑施工图设计总说明	0	2016.10	
4	A-03	门窗表	0	2016.10	
5	A-04	建筑节能设计总说明	0	2016.10	
6	A-05	负一层平面图	0	2016.10	
7	A-06	一层平面图	0	2016.10	
8	A-07	二层平面图	0	2016.10	
9	A-08	三层平面图	0	2016.10	
10	A-09	标高9.1米层平面图	0	2016.10	
11	A-10	屋顶平面图	0	2016.10	
12	A-11	①~⑰立面图	0	2016.10	

图 7-1　某别墅的建筑施工图图纸目录

序号	图号	图　　名	版号	日　期	备注
13	A-12	⑰～①立面图	0	2016.10	
14	A-13	⑥～⑩立面图　1—1剖面图　室外楼梯大样	0	2016.10	
15	A-14	楼梯大样	0	2016.10	
16	A-15	厨卫大样　檐口大样　阳台栏杆大样	0	2016.10	
17	A-16	墙身大样	0	2016.10	
18	A-17	门窗大样　墙身大样　线脚大样	0	2016.10	
	选用标准图集号	中南建筑配件图集合订本(2005年版) 国　标　08J333　(根据工程列出) 省　标　08XJ105　(根据工程列出)			

院　　　长：_____　　　　　　　注册章
总 建 筑 师：_____　结构总工程师：_____
设备总工程师：_____　电气总工程师：_____
给排水总工程师：_____
项目负责人：_____　专业负责人：_____

图7-1　某别墅的建筑施工图图纸目录(续)

建筑施工图设计总说明(摘录)

一、施工图设计依据
1. 设计委托书、合同书以及甲方的有关使用要求的文件。
2. 甲方认可并已获得政府职能管理部门批准的方案和初步设计文件。
3. 现行的国家、省市有关建筑设计规范、规程、规定和标准，以及国家有关工程施工及验收规范，主要有：
(1)《住宅设计规范》(GB 50096—2011)。
(2)《建筑设计防火规范》(GB 50016—2014)。
(3)《民用建筑设计通则》(GB 50352—2005)。
(4)《住宅建筑规范》(GB 50368—2005)。

二、工程概况
1. 建筑名称：××××小区10#、11#、13#、14#栋住宅；建设地点：××市××××小区；建设单位：××市××房地产有限公司。
2. 建筑占地面积：386.6 m²。
3. 建筑设计使用年限为50年。
4. 建筑层数为4层住宅楼。
5. 建筑高度为10.61 m。
6. 建筑耐火等级为二级。
7. 主要结构类型为框架结构；抗震设防烈度为6度。
8. 屋面防水等级为二级。

三、设计坐标和标高
1. 总图中建构筑物、道路坐标采用的测量坐标系网，绝对标高高程基准如下：(√为本工程选用)。

☐独立坐标系　　☐北京坐标系　　☑1956年黄海高程基准　　☐85高程基准

2. 建筑设计标高其室内地坪相对标高±0.000详见总图。

3. 图中各层标注标高为建筑完成面标高,屋面标高为结构面完成标高,露台标高为结构面完成标高。

4. 本工程标高以米(m)为单位,总平面尺寸以米(m)为单位,其他尺寸以毫米(mm)为单位。

四、防火设计

五、建筑节能设计

六、建筑构造说明

(一)墙体工程

1. 材料:内墙、外墙、楼梯间墙用烧结多孔砖

墙厚:外墙厚度为240 mm,内墙厚度为240 mm,楼梯间墙厚度为240 mm,分户墙厚度为240 mm,厨厕墙厚度为240 mm。

2. 建筑外墙、内隔墙应砌至梁板底部,并不应留有缝隙。所有填充墙与梁、板、柱相接处的内外墙粉刷及两种不同材料交接处的粉刷,应根据饰面材质不同在做饰面前加射钉固定绷紧金属网(每边铺设宽度大于250 mm)或在施工中加贴宽度为250 mm的涂塑耐碱玻璃丝网格布,表面用抗裂砂浆抹平,以盖住玻纤布为准,防止开裂。

3. 预埋在柱、梁、墙内的管件、预埋件和孔洞均应在浇捣混凝土前和砌筑时就位,建施图中未标注的,施工时应见结施和设备图并且配合留洞,切勿遗漏。待管道设备安装完毕后,用非燃烧材料将缝隙紧密填塞。

4. 除施工图中注明外,墙体开门处墙垛宽均为120 mm。柱边处的墙垛其柱应甩出拉筋加强连接,详见结施图。

(二)墙体防水及墙体防裂工程

(三)楼地面防水工程和其他

(四)屋面防水工程

(五)门窗工程、幕墙工程

(六)楼梯栏杆、防护栏杆、窗台板工程

1. 楼梯间栏杆、护窗栏杆、扶手、踏步防滑等构造做法详见室内装修表,参见05ZJ401。

2. 楼梯、阳台、外廊、室内回廊栏杆临空高度在24 m以下时,防护栏杆高度应大于1.05 m,特别是允许少儿进入的专用活动场所、中高层住宅、临空高度在24 m以上时,或楼梯水平段栏杆长度大于0.5 m时,其防护栏杆高度不应小于1.1 m。楼梯栏杆垂直杆件高0.9 m,垂直杆件间净距不应大于0.11 m。

(七)阳台工程

1. 砖砌栏板用MU10半砖,强度等级为M7.5的混合砂浆砌筑,砖砌栏板钢筋混凝土压顶嵌入房屋墙体大于120 mm;栏板转角处设钢筋混凝土构造柱120 mm×120 mm,内置4Φ12 mm钢筋,钢筋锚入梁(板)350 mm,箍筋为Φ4@150,强度等级为C20的混凝土,间距<3.6 m。

2. 开敞阳台、露台等地面做聚合物防水砂浆,地面应低于相邻房间>50 mm,排水做

法详见 98ZJ411 50 页。

3. 住宅阳台由住户自装"手动升降晒衣架"成品。

（八）吊顶工程

七、室内装修工程

1. 室内装修工程执行《建筑内部装修设计防火规范》(GB 50222—1995)，楼地面部分执行《建筑地面设计规范》(GB 50037—2013)，一般装修详见建施 02"工程做法一览表"，此表不含二次装修设计要求的内容。二次装修设计，其装修设计不得破坏消防分区及设施。二次装修设计应征求设计方意见，并须报人防、消防等部门审批后才能用于施工。

2. 室内装修选用的各项材料，均由施工单位制作样板和选样，经确认后进行封样，并据此进行验收。

八、油漆涂料工程

1. 外木(钢)门窗油漆选用浅绿色调和漆，做法为 05ZJ001 涂 1 页 87；内木门窗油漆选用浅黄色调和漆，做法为 05ZJ001 涂 1 页 87。

2. 各项油漆均由施工单位制作样板，经确认后进行封样，并据此进行验收。

九、室外装修工程（室外设施）

1. 外墙装修详见立面图及外墙详图，所选用的各种石材、面砖、挂板、涂料等材料，除有出厂合格证和检测报告外，实际材料到货后，须抽样送检，检测合格后才能使用。装饰面均由施工单位提供样板，由设计和建设单位确认后进行封样，并据此验收。

2. 砖外墙面防水设防要求用厚度为 20 mm 的防水砂浆或厚度为 7 mm 的聚合物水泥砂浆抹面再做饰面层。外墙饰面砖应用聚合物水泥砂浆粘贴，并满浆勾缝封严。外墙面凸窗顶板面水泥砂浆均采用聚合物水泥砂浆。（外墙外保温构造做法另详）

十、建筑设备、设施工程

卫生洁具、成品隔断由建设单位与设计单位商定，并应与施工配合；厨房设备由建设方确定；灯具、送回风口等影响美观的器具须经建设单位与设计单位确认样品后，方可批量加工、安装；门窗过梁见结施有关图纸。

十一、其他工程

1. 厨房、卫生间排气道均选用国标《住宅排气道》(16J916—1)设计图。平面设计图中厨房排烟道、卫生间通气道预留洞尺寸和选型见厨房、卫生间大样图中所示，并应根据产品实际断面尺寸施工前进行调整。另外，上、下水管道安装时不得将通风道挡住，若有遮挡时，应及时调整管线标高。

2. 本设计图中轻钢结构部分仅作示意，须另行委托有相关资质单位设计，并做好保温及防排水设计，经本设计院确认后方可制作安装；承包商进行二次设计轻钢结构、装饰物等，经确认后，向本设计单位提供预埋件的设置要求。

十二、其他补充说明

1. 本总说明中的做法为本工程图纸中的通用做法，如其他图纸另有注明，以该图纸中的注明为准。

2. 施工前应熟悉和核对各专业图纸，做好洞口的预留、预埋件的安装或预埋等工作，避免遗漏。

3. 本说明未尽事宜，须严格按照国家建筑施工安装工程验收规范执行，本施工图未经本设计单位和设计人员的同意不得擅自修改。凡设计中的未尽事宜或错、漏、碰、缺、不详等处,请在施工中尽快与设计方取得联系共同协商解决。

三、工程做法表

工程做法表是用表格的形式详细说明建筑物各部位的名称、构造做法。如采用标准图集做法应注明所采用的标准图集的代号、做法编号,如有改变,应在备注中加以说明。该别墅的建筑工程做法见表7-1。

表7-1 工程做法表

建筑工程做法一览表					
类别	名称	建筑构造做法	适用部位	备注
外墙	面砖外墙面	见 05ZJ001 外墙13/67	部位详见立面图	
	涂料外墙面	见 05ZJ001 外墙24/70	部位详见立面图	
踢脚	水泥砂浆踢脚	05ZJ001 踢5/35	所有房间踢脚	踢脚高120
室内楼梯	详见a—a剖面注释			
顶棚1	混合砂浆顶棚	05ZJ001 顶3/75	除卫生间等有水房间外所有顶棚	
顶棚2	水泥砂浆顶棚	05ZJ001 顶4/75	卫生间等有水房间顶棚	
地面1	细石混凝土防潮地面	05ZJ001 地62/21	除卫生间等有水房间外所有地面	
地面2	陶瓷地砖地面	05ZJ001 地19/10	卫生间等有水房间地面	
楼面	水泥砂浆楼面	05ZJ001 楼1/23	所有楼面	
内墙1	混合砂浆墙面	05ZJ001 内墙4/45	除卫生间等有水房间外所有内墙	
内墙2	釉面砖墙面	05ZJ001 内墙8/46	卫生间等有水房间内墙	
屋1 平屋面（上人有保温层）	平屋面	05ZJ001 屋20/115	屋1	

续表

类别	名称	建筑构造做法	适用部位	备注
屋2 平屋面（不上人有保温层）	平屋面	05ZJ001 屋15/16	屋2	
屋3 坡屋面（不上人有保温层）	坡屋面	05ZJ211 屋5/16	屋3	
地下室	地下室防水	05ZJ001 地防3/135	地下室	
坡道	车库坡道	98ZJ901 4/19	坡道	

四、门窗表

门窗表是对建筑物所有不同类型的门窗进行统计，然后列表说明门窗的数量、材料、开启类型、规格尺寸等，以备施工、预算需求。该别墅的门窗表详见表7-2。

表7-2 门窗表

类别	设计编号	洞口尺寸/mm 宽	洞口尺寸/mm 高	樘数	采用标准图集及编号 图集代号	采用标准图集及编号 编号	备注
门	M1	900	2100	28	98ZJ681	GJM301-0921	夹板门
门	M2	1000	2100	4			多功能户门 甲方自定
门	M3	800	2100	12	98ZJ681	GJM301-0821	夹板门
窗	C1	1200	1800	8	详见大样		铝合金推拉窗
窗	C2	1200	1950	4	详见大样		铝合金推拉窗
窗	C3	1200	1500	64	详见大样		铝合金推拉窗
窗	C4	1800	1500	4	详见大样		铝合金推拉窗
窗	C5	450	1500	16	详见大样		铝合金平开窗
窗	C6	960	400	2	详见大样		铝合金推拉窗
窗	C7	1080	400	4	详见大样		铝合金推拉窗
窗	C8	1980	400	6	详见大样		铝合金推拉窗
窗	C9	2580	400	2	详见大样		铝合金推拉窗
窗	C10	3780	400	4	详见大样		铝合金推拉窗
窗	C11	2780	400	4	详见大样		铝合金推拉窗

续表

类 别	设计编号	洞口尺寸/mm		樘 数	采用标准图集及编号		备 注
		宽	高		图集代号	编 号	
门 窗 表							
卷帘门	JLM1	3000	2200	4			成品
推拉门	TM1	1500	2100	4	详见大样		塑钢推拉门
	TM2	2100	2000	4	详见大样		塑钢推拉门
	TM3	2400	2400	8	详见大样		塑钢推拉门
	TM4	2060	2100	4	详见大样		玻璃推拉门甲方自定
	TM5	1560	2400	4	详见大样		塑钢推拉门
	TM6	1800	2200	8	详见大样		塑钢推拉门
	TM7	3000	2100	4	详见大样		塑钢推拉门

任务二 建筑总平面图

任务描述

建筑总平面图是表示一个工程的总体布局，是在基地一定范围内的地形图上画出拟建建筑物与原有建筑物外轮廓的水平投影图。建筑总平面图能反映出拟建建筑物的平面形状、位置、朝向以及与基地周围环境的关系，因此，是拟建建筑物的施工定位、施工放样、土方施工及基地管线布置和施工总平面设计的依据。本任务要求学生掌握识读建筑总平面图的方法，并对图7-2某别墅总平面图进行识读。

相关知识

一、建筑总平面图基本内容

(1)保留的地形和地物。
(2)测量坐标网、坐标值。
(3)场地范围的测量坐标(或定位尺寸)、道路红线、建筑控制线、用地红线等的位置。
(4)场地四邻原有及规划的道路、绿化带等的位置(主要坐标或定位尺寸)，以及主要建筑物和构筑物及地下建筑物等的位置、名称、层数。

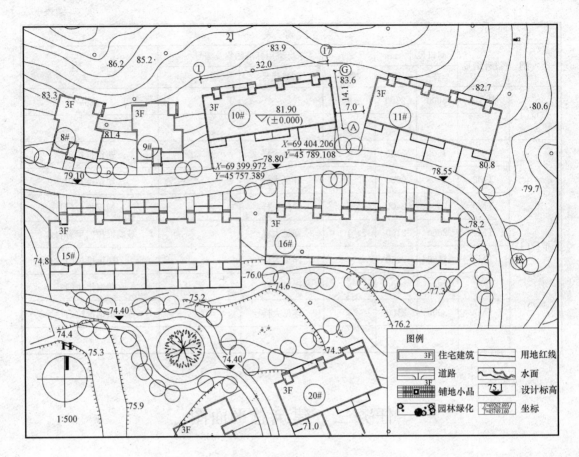

图 7-2 某别墅总平面图

(5)建筑物、构筑物(人防工程、地下车库、油库、储水池等隐蔽工程以虚线表示)的名称或编号、层数、定位(坐标或相互关系尺寸)。

(6)广场、停车场、运动场地、道路、围墙、无障碍设施、排水沟、挡土墙、护坡等的定位(坐标或相互关系尺寸)。如有消防车道和扑救场地,需注明。

(7)指北针或风玫瑰图。

(8)建筑物、构筑物使用编号时,应列出"建筑物和构筑物名称编号表"。

(9)注明尺寸单位、比例、坐标及高程系统(如为场地建筑坐标网,应注明与测量坐标网的相互关系)、补充图例等。

二、建筑总平面图绘制要求

(1)根据国家《建筑制图标准》(GB/T 50104—2010)规定,总平面图应采用1∶500、1∶1 000、1∶2 000的比例绘制。

(2)拟建建筑物用粗实线绘制,其周围的环境用细实线绘制。

(3)总平面图中以米为单位标注出定位尺寸,标注到小数点后两位。

(4)总平面图中标高的数值均为绝对标高。绝对标高是指以我国青岛市以外的黄海海平面作为零点所测定的高度尺寸。建筑物首层室内地面标高是根据其所在位置的前后等高线的标高,并估算到挖填土方基本平衡决定的。如果图上没有等高线,可根据原有建筑物或道路的标高来确定。

三、建筑总平面图常用图例

总平面图上的房屋、道路、桥梁、绿化等内容都应符合规定的总平面图图例,见表 7-3,如采用特殊图例则应列出并说明。

表 7-3　总平面图图例

名称	图例	说明	名称	图例	说明
新建建筑物	(矩形内标注 8,下方▲)	1. 需要时,可用▲表示出入口,可在图形内右上角用点或数字表示层数。 2. 建筑物外形(一般以±0.000 高度处的外墙定位轴线或外墙面线为准)用粗实线表示。需要时,地面以上建筑用中粗实线表示,地面以下建筑用细虚线表示	新建的道路	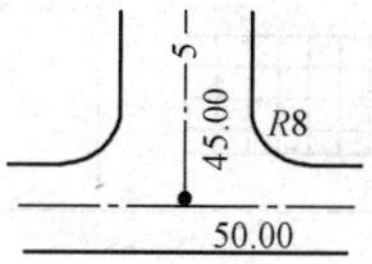 (道路转弯图示,标注 5、45.00、R8、50.00)	"R8"表示道路转弯半径为 8 m;"50.00"为路面中心控制点标高;"5"表示 5%,为纵向坡度;"45.00"表示变坡点间距离
原有的建筑物	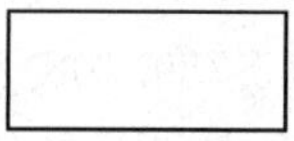 (细实线矩形)	用细实线表示	原有的道路	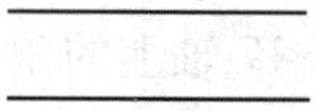 (两条细实线)	—
计划扩建的预留地或建筑物	 (中粗虚线矩形)	用中粗虚线表示	计划扩建的道路	(两条虚线)	—
拆除的建筑物	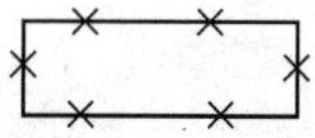 (带×的矩形)	用细实线表示	拆除的道路	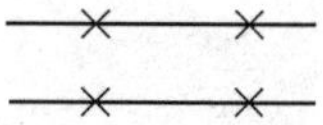 (带×的两条线)	—
坐标	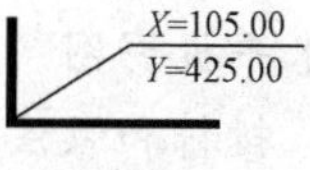 $X=105.00$ $Y=425.00$	表示地形测量坐标系 坐标数字平行于建筑标注	桥梁	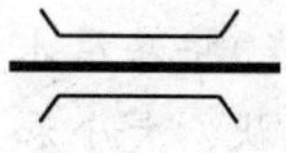 (铁路桥图示) (公路桥图示)	1. 上图表示铁路桥,下图表示公路桥 2. 用于旱桥时应注明
	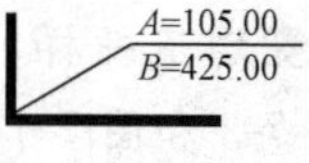 $A=105.00$ $B=425.00$	表示自设坐标系 坐标数字平行于建筑标注		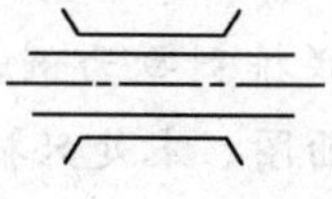	

续表

名称	图例	说明	名称	图例	说明
围墙及大门		上图表示实体性质的围墙，下图表示通透性质的围墙，如仅表示围墙时不画大门	护坡		1. 边坡较长时，可在一端或两端局部表示 2. 下边线为虚线时，表示填方
	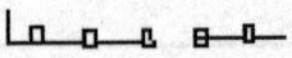		填挖边坡		
台阶	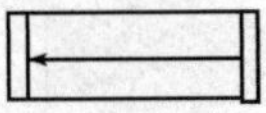	箭头指向表示向下	挡土墙		被挡的土在"突出"的一侧
铺砌场地	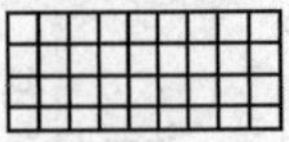	—	挡土墙上设围墙		

任务实施

由图 7-2 所示的某别墅的总平面图，该图绘制比例为 1∶500。图上部加粗的轮廓线为本工程项目，即编号为 10♯的楼。本工程位于山地，地形状况北高南低。此楼即位于总图北面，占地尺寸为32.0 m×14.1 m，位于 1 轴上角点的 X 坐标为 69 399.972，Y 坐标为 45 757.389，位于 17 轴上的角点 X 坐标为 69 404.206，Y 坐标为 45 789.108。此建筑坐北朝南，由图中 10♯楼标注 3F 可知其层数为三层。10♯楼标高符号上方和下方有两个标高数据，其中±0.000 代表室内相对标高，81.90 代表它的绝对标高。此楼西面为三层的 9♯楼；北面为坡地，无建筑物；东面为三层的 11♯楼；南边临小区道路，道路中心线绝对标高为 78.80，周围绿化良好。

任务三　建筑平面图

任务描述

建筑平面图是建筑施工图的基本样图，它是假想用一水平剖切面沿建筑的窗洞口位置（位于窗台稍高一点）将房屋水平剖切，对剖切面以下部分所作的水平投影图。平面图主要反映房屋的平面形状、大小和房间布置，墙（或柱）的位置、尺寸、材料和做法，楼梯和走廊的安排以及门窗的类型、位置等内容。在建筑施工过程中，放线、砌墙、安装门窗、装修以及编制预算、备料等都要用到建筑平面图。本任务要求学生掌握识读建筑平面图的方法。本任务以一联排别墅为例，其地下一层，地上三层，各层布置均不一样，无标准层，各层均应绘制平面图。本处只摘录一层平面图和屋顶平面图，如图 7-3 和图 7-4 所示请对其进行识读。

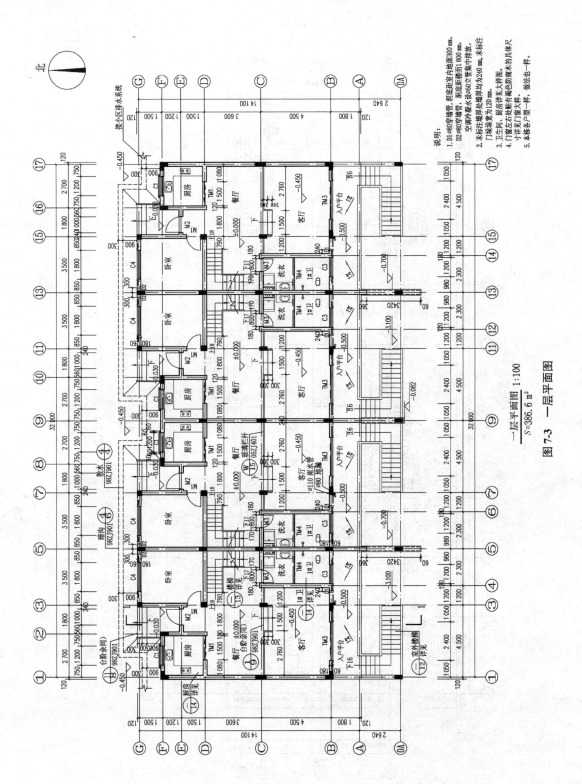

图 7-3 一层平面图

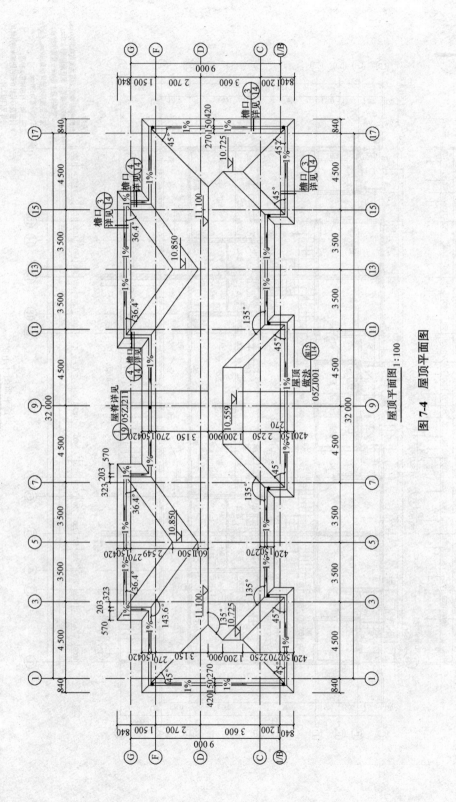

图 7-4 屋顶平面图

相关知识

一、建筑平面图基本内容

(1)承重墙、柱及其定位轴线和轴线编号，内外门窗位置、编号及定位尺寸，门的开启方向，注明房间名称或编号，库房(储藏)注明储存物品的火灾危险性类别。

(2)轴线总尺寸(或外包总尺寸)、轴线间尺寸(柱距、跨度)、门窗洞口尺寸、分段尺寸。

(3)墙身厚度(包括承重墙和非承重墙)，柱与壁柱截面尺寸(必要时)及其与轴线关系尺寸；当围护结构为幕墙时，标明幕墙与主体结构的定位关系；玻璃幕墙部分标注立面分格间距的中心尺寸。

(4)主要建筑设备和固定家具的位置及相关做法索引，如卫生器具、雨水管、水池、台、橱、柜、隔断等。

(5)电梯、自动扶梯及步道(注明规格)、楼梯(爬梯)位置和楼梯上下方向示意和编号索引。

(6)主要结构和建筑构造部件的位置、尺寸和做法索引，如中庭、天窗、地沟、地坑、重要设备或设备机座的位置尺寸、各种平台、夹层、人孔、阳台、雨篷、台阶、坡道、散水、明沟等。

(7)楼地面预留孔洞和通气管道、管线竖井、烟囱、垃圾道等位置、尺寸和做法索引，以及墙体(主要为填充墙、承重砌体墙)预留洞的位置、尺寸与标高或高度等。

(8)室外地面标高、底层地面标高、各楼层标高、地下室各层标高。

(9)底层平面标注剖切线位置、编号及指北针。

(10)有关平面节点详图或详图索引号。

(11)屋面平面应有女儿墙、檐口、天沟、坡度、坡向、雨水口、屋脊(分水线)、变形缝、楼梯间、水箱间、电梯机房、天窗挡风板、屋面上人孔、检修梯、室外消防楼梯及其他构筑物，必要的详图索引号、标高等；表述内容单一的屋面可缩小比例绘制。

(12)图纸名称、比例。

二、建筑平面图绘制要求

(1)根据国家标准《建筑制图标准》(GB/T 50104—2010)规定，平面图宜选用1∶50、1∶100、1∶200的比例绘制。

(2)各层平面图中的楼梯、门窗、卫生设备等均采用《建筑制图标准》(GB/T 50104—2010)规定的图例表示。门窗还应编号，用M、C分别表示门窗代号，后面的数字为门窗编号。

(3)凡是被剖切到的墙、柱等截面轮廓线用粗实线(b)绘制，门扇的开启示意线用中粗实线($0.5b$)绘制。

(4)凡是承重墙、柱子、梁等主要承重构件应画出定位轴线。一般承重墙、柱及外墙编为主轴线，非承重隔墙等编为附加轴线。

(5)建筑平面图中尺寸以毫米为单位，标高以米为单位。

(6)平面图上标注的尺寸有外部尺寸和内部尺寸两种。外部尺寸要有三道，包括最外面的总尺寸、中间标注开间和进深的轴线尺寸、标注外门窗洞口的细部尺寸。内部尺寸应标注房屋内墙门窗洞口、墙厚及轴线的关系、门垛等细部尺寸。底层平面图中还应标注室外台阶、散水、花池等尺寸。

(7)一般情况下，多层房屋均应画出各层平面图，并注明相应图名。如果上下楼层的房间数量、大小和布置一样，相同的楼层可以用"标准层平面图"来表示。

(8)比例为1∶50的平面图断面应画出材料图例和抹灰层的面层线，当采用1∶100或1∶200的比例时，断面材料图例可以简化，抹灰层的面层线可省略。

任务实施

1. 楼层平面图

如图7-3所示，此一层平面图(也可以叫首层平面图)，比例为1∶100，建筑面积为386.6 m²。由图中指北针可知，本例房屋坐北朝南。

由图可知，轴线处均有墙、柱通过。横向轴线为①～⑰，竖向轴线为Ⓐ～Ⓖ。其中⓪Ⓐ为Ⓐ轴线前第一条附加轴线。外墙厚度为240 mm，未标注墙厚处墙厚均为240 mm，未标注门垛垛宽为120 mm。图中粗实线表示的均是被剖切到的墙身的断面，纵横墙交接处涂黑的是钢筋混凝土柱。

由图可知该别墅一层房间的平面布置情况。客厅的开间是4 500+1 200=5 700(mm)，卫生间的开间是2 300 mm，餐厅的开间是4 500 mm，厨房的开间是2 700 mm，卧室的开间是3 500 mm。客厅和卫生间的进深同为4 500 mm，餐厅的进深是3 600 mm，厨房的进深是1 500+1 200=2 700(mm)，卧室的进深是1 500+1 200+1 500=4 200(mm)。

该别墅±0.000定在餐厅楼面处。客厅楼面标高是−0.450 m，表示客厅部分比厨房低出450 mm，在此处设置有三级台阶，每个踏面宽度是300 mm。而入户平台楼面标高是−0.500 m，即表示该楼面比客厅楼面低50 mm。

图中还可看出此层门窗的型号、数量及位置。例如，窗C1宽度为1 200 mm，窗边距离轴线为750 mm。厨房部分的推拉门宽度为1 500 mm，平墙垛安装。

图中未能清楚标注的孔洞尺寸和配套构件，在图外用文字说明，例如，D1ϕ80穿墙管，洞底距室内地面300 mm，D2ϕ80穿墙管，洞底距楼面1 800 mm，空调冷凝水设ϕ50立管集中排放。

根据国家标准中有关施工图设计深度的要求，建筑中一些复杂和关键的部位，如楼梯、厨房、卫生间、外墙身等，应拿出来用更大比例的图来绘制。因此，可以看到图中相关的详图索引符号。另外，还有画出剖面图的剖切符号，如图中的1—1，以便与剖面图对照查阅。

2. 屋顶平面图

图7-4所示为该别墅的屋顶平面图，比例为1∶100。由图可知，屋面为同坡屋面，屋顶四周有檐沟，纵向排水坡度为1%，有9个下水口。根据图中的详图索引符号可知屋脊、屋面所套用的标注图集，檐口做法参见的详图。

任务四　建筑立面图

任务描述

建筑立面图是建筑物不同方向立面的正投影图。建筑立面图是主要表示建筑物的外部形状、主要建筑构件标高及外墙面装饰要求等的图样，按方向分为南立面图、北立面图、东立面图、西立面图。通常把建筑的主入口或反映建筑外貌主要特征的立面称为正立面图，其他立面根据其相对位置称为背立面图和左、右侧立面图。有定位轴线的建筑物，也可以按立面两端的轴线编号来确定立面图的名称，如①～⑧立面图。本任务要求学生掌握识读建筑立面图的方法，并对图7-5某别墅南立面图进行识读。

相关知识

一、建筑立面图基本内容

（1）立面外轮廓及主要结构和建筑构造部件的位置，如女儿墙顶、檐口、柱、变形缝、室外楼梯和垂直爬梯、室外空调机搁板、外遮阳构件、阳台、栏杆、台阶、坡道、花台、雨篷、烟囱、勒脚、门窗、幕墙、洞口、门头、雨水管，以及其他装饰构件、线脚和粉刷分格线等。

（2）建筑的总高度、楼层位置辅助线、楼层数和标高以及关键控制标高的标注，如女儿墙或檐口标高等；外墙的留洞应标注尺寸与标高或高度尺寸(宽×高×深及定位关系尺寸)。

（3）平面图、剖面图未能表示出来的屋顶、檐口、女儿墙、窗台以及其他装饰构件、线脚等的标高或尺寸。

（4）在平面图上表达不清的窗编号。

（5）各部分装饰用料名称或代号，剖面图上无法表达的构造节点详图索引。

（6）主要结构和建筑构造部件的位置、尺寸和做法索引，如中庭、天窗、地沟、地坑、重要设备或设备机座的位置尺寸、各种平台、夹层、人孔、阳台、雨篷、台阶、坡道、散水、明沟等。

（7）图纸名称、比例。

二、建筑立面图绘制要求

（1）根据国家标准《建筑制图标准》(GB/T 50104—2010)规定，立面图宜选用1∶50、1∶100、1∶200的比例绘制。

（2）立面图上水平方向一般不标注尺寸，只画出两端墙的定位轴线及编号。

（3）建筑物的立面图外轮廓线用粗实线(b)，室外地坪线用加粗实线($1.4b$)。轮廓线内可见的墙、门窗洞口、窗台、阳台、雨篷、台阶、花池等轮廓线用中粗实线($0.5b$)，门窗分隔线、栏杆、雨水管、墙面分隔线、墙面装饰注释引出线、标高符号用细实线($0.35b$)。

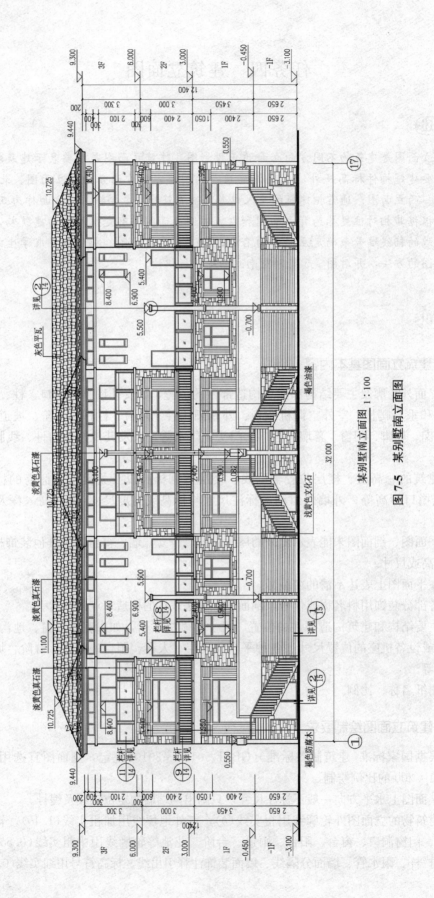

图 7-5 某别墅南立面图

(4)各个方向的立面应绘制齐全,但对于差异小、左右对称的立面或部分不难推定的立面可简略;内部院落或看不到的局部立面,可在相关剖面图上表示,若剖面图未能表示完全时,则需单独绘出。

任务实施

如图7-5所示,从图名或轴线的编号可知该图为别墅的南立面图,比例与平面图一样为1∶100。

从立面图上可以看到整个建筑的外形和轮廓,如该别墅的屋顶为坡屋顶,屋顶下部有一圈采光高窗;下部各层都有阳台或者露台,以及栏杆、栏板的造型;底层有室外楼梯通至地面上;负一层有一个车库的门;此外还可以看到各个门窗形状、大小和位置。

从图上可知立面图同平面图一样也分为外部标注和内部标注。

(1)外部标注。该别墅左右共有三道尺寸和相关的标高。最外面的一道表示建筑总高尺寸,其总高为12.40 m。中间一道表示各层高度尺寸,如负一层为2.65 m,首层为3.45 m、二层为3.00 m、三层为3.30 m。最里面一道为门窗尺寸,表示靠最外侧各层门窗的高度,如最左侧和最右侧、首层和二层落地推拉门高度均为2.40 m,第三层落地推拉门高度为2.10 m。标高同平面图中一样,都是相对于±0.000而定,可以对照平面图来看。

(2)内部标注。在立面图的内部出现的门窗、各构件等外部尺寸无法标注清楚的地方,需要增加内部标注。一般习惯在进行内部标注时,仅注写标高,而不注写尺寸,如第三层内部的窗洞口上部标高为8.40 m、下部标高为6.90 m,两者相减可知该处窗高为1.50 m。

从图上外墙装饰图例和文字说明,可以了解到外墙各个部分的装饰材料,其具体做法应查阅建筑设计说明和建筑构造做法表。如负一层、一层及局部二层的外墙采用浅黄色文化石,局部二层和三层的外墙采用淡黄色真石漆,屋顶采用灰色平瓦。

此图中的阳台和露台的栏杆都标有详图索引符号,表示将在另外的建筑施工图纸中详细绘制。

任务五 建筑剖面图

任务描述

建筑剖面图是假想用垂直于外墙的铅垂剖切面将建筑剖开,移除一部分,对余下部分向垂直平面作正投影所得到的剖视图。剖面图用来表示建筑内部结构形式、空间分隔情况、房间的开间(或进深)、建筑主要构件的材料、位置及相互关系,屋面、楼层及地面的构造做法等内容。建筑剖面图是与建筑平面图、立面图相互配合表达建筑的重要图样之一。本任务要求学生掌握识读建筑剖面图的方法,并对图7-6某别墅1—1剖面图进行识读。

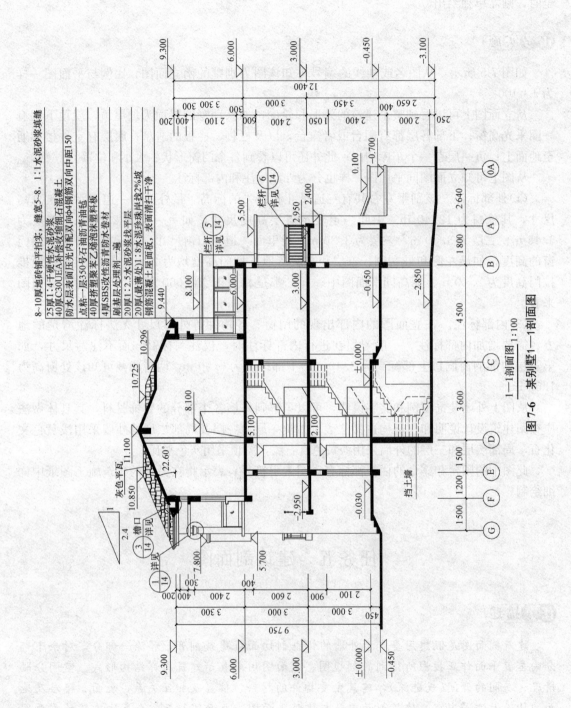

图 7-6 某别墅1—1剖面图

相关知识

一、建筑剖面图基本内容

(1)剖切到或可见的主要结构和建筑构造部件,如室外地面、底层地(楼)面、地坑、地沟、各层楼板、夹层、吊顶、屋架、屋顶、山屋顶、烟囱、天窗、挡风板、檐口、女儿墙、爬梯、门窗、外遮阳构件、楼梯、台阶、坡道、散水、平台、阳台、雨篷、洞口及其他装修等可见的内容。

(2)外部尺寸:门、窗、洞口高度,层间高度,室内外高差,女儿墙高度,阳台栏杆高度,总高度;内部尺寸:地坑(沟)深度、隔断、内窗、洞口、平台、吊顶等。

(3)主要结构和建筑构造部件的标高,如室内地面、楼面(含地下室)、平台、雨篷、吊顶、屋面板、屋面檐口、女儿墙顶、高出屋面的建筑物、构筑物及其他屋面特殊构件等的标高,室外地面标高。

(4)墙、柱、轴线和轴线编号。

(5)节点构造详图索引号。

(6)图纸名称、比例。

二、建筑剖面图绘制要求

(1)根据国家标准《建筑制图标准》(GB/T 50104—2010)规定,剖面图宜选用1∶50、1∶100、1∶200的比例绘制。

(2)凡是被剖切到的梁、板、墙体等轮廓线用粗实线(b),未剖切到的可见轮廓如门窗洞口、踢脚线、楼梯栏杆、扶手等用中实线($0.5b$)。图例线、引出线、雨水管等用细实线($0.35b$),室内外地坪线用加粗线($1.4b$)。

(3)各个方向的立面应绘制齐全,但对于差异小、左右对称的立面或部分不难推定的立面可简略;内部院落或看不到的局部立面,可在相关剖面图上表示,若剖面图未能表示完全时,则需要单独绘出。

(4)剖视位置应选在层高不同、层数不同、内外部空间比较复杂、具有代表性的部位;建筑空间局部不同处以及平面、立面均表达不清的部位,可绘制局部剖面。

(5)剖面图应标注外部尺寸、内部尺寸和标高。沿外墙在竖直方向标注三道外部尺寸,最外一道是室外地坪以上的总高尺寸,中间一道标注层高,再往里是门窗洞口高度等细部尺寸;内部尺寸主要标注内墙门窗洞口、楼梯栏杆高度等。

任务实施

如图7-6所示为某别墅的1—1剖面图,从图中轴线编号与图7-3所示平面图上的剖切位置和轴线编号相对照,可知1—1剖面图是一个剖切平面通过客厅和过厅剖切后向右进行投影所得到的横剖面图。

此图画出了地面至屋面的结构形式和构造内容,可知此房屋的垂直方向承重构件(柱)是用现浇而成的,而水平方向承重构件(梁和板)是用钢筋混凝土现浇而成的,所以,它是属于框架结构的形式。从地面的材料图例可知,地面为普通的混凝土地面,又从楼层和屋面的构造说明中可知它们各自的详细构造情况。板和墙、梁和柱及梁的搁置方向,在图中一目了然。

图中标高都表示为与±0.000的相对尺寸。±0.000以上的部分可视为地上建筑，±0.000以下的部分则可视为地下建筑。由图可知，该建筑±0.000以上的部分共有三层，第一层层高为3.00 m，第二层层高为3.00 m，第三层为坡屋顶，建筑楼面到天沟檐口处的高度为3.30 m，檐口到坡屋顶最高屋脊处的高度为1.80 m。±0.000以下的部分共有一层，该层在Ⓓ轴线～Ⓒ轴线间的层高为2.85 m，在Ⓒ轴线～Ⓑ轴线间的层高为2.40 m。

在建筑的首层和负一层处，左侧和右侧的地平面高度是不一样的，因此，该建筑在最底层的Ⓓ轴处设有挡土墙。

图中注明了建筑竖向的三道尺寸，即总高度尺寸、各层的层高尺寸、门窗洞口高度尺寸。但屋顶处、屋脊处、首层楼板错层处、室内门窗洞口处、分户墙各处、楼梯和檐口处因另有详图，其详图尺寸可不在此注出。

由图可知，屋顶处为一单向排水，其坡度大小用"⊿"的形式表示，读作1∶2.4，直角三角形的斜边应与坡度平行，直角边上的数字表示坡度的高度比。

剖面图中的详图索引，如该图F轴线的上方为坡屋顶檐口的详图索引，其详细的形式和构造，可根据索引符号的标注，查阅图纸第14页中的3号详图。

任务六　建筑详图

任务描述

建筑详图是建筑细部的施工图。由于图幅有限、比例较小，平面图、立面图、剖面图不能明确地表达建筑局部的详细构造、尺寸、做法及施工要求等，必须另外绘制较大比例的图样，才能表达清楚，这种图样称为建筑详图。建筑详图是建筑平面图、立面图、剖面图的补充，是各建筑部位具体构造的施工依据。本任务要求学生掌握识读建筑详图的方法，并对图7-7楼梯平面图和图7-8楼梯剖面图进行识读。

相关知识

一、建筑详图基本内容

(1)对内外墙、屋面等节点，绘出不同构造层次，表达节能设计内容，标注各材料名称及具体技术要求，注明细部和厚度尺寸等。

(2)楼梯、电梯、厨房、卫生间等局部平面放大和构造详图，注明相关的轴线和轴线编号以及细部尺寸、设施的布置和定位、相互的构造关系及具体技术要求等。

(3)室内外装饰方面的构造、线脚、图案等；标注材料及细部尺寸、与主体结构的连接构造等。

(4)门、窗、幕墙绘制立面图，对开启面积大小和开户方式，与主体结构的连接方式、用料材质、颜色等作出规定。

(5)其他凡在平面图、立面图、剖面图或文字说明中无法交代或交代不清的建筑构配件和建筑构造。

(6)图纸名称、比例。

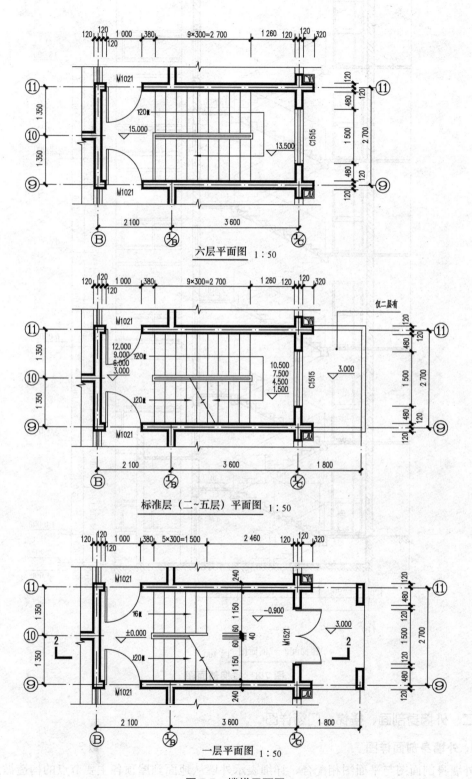

图 7-7 楼梯平面图

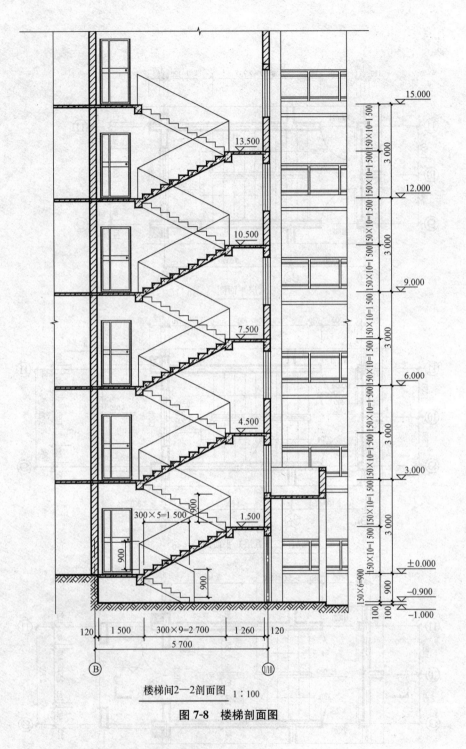

图 7-8 楼梯剖面图

二、外墙身剖面、楼梯、门窗详图

1. 外墙身剖面详图

外墙身剖面图与平面图相配合，详细表示外墙从地面到屋顶各主要节点的构造做法。

(1) 表明墙的轴线编号、墙厚及其与轴线的关系。
(2) 表明各层梁、板等构件的位置及其与墙身的关系。

(3)表明地面、各楼层、屋面、门窗洞口、檐口、墙顶面的标高。

(4)表明细部装修的要求,包括墙体部位线脚、窗台、窗楣、雨篷、檐口、勒脚、散水的构造尺寸、材料和做法;外墙、框架梁、楼板的连接关系。

(5)表明墙身的防水、防潮做法。

建筑外墙身剖面详图实例如图7-9所示。

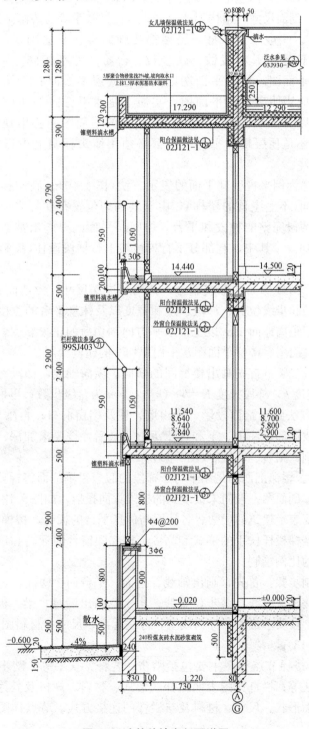

图7-9 建筑外墙身剖面详图

2. 楼梯详图

楼梯是建筑物中主要的垂直交通设施之一，其主要功能是通行和疏散。在设计中，要求楼梯坚固耐久，安全防火；做到上下通行方便，便于搬运家具与物品，有足够的通行宽度和疏散能力；楼梯造型要美观，与室内外环境相协调。

楼梯主要由楼梯梯段、休息平台和栏杆扶手（或栏板）三部分组成。楼梯详图主要表示楼梯的类型，平面、剖面尺寸，结构形式及踏步、栏杆扶手等的装修做法。

(1) 楼梯平面图。一般来说，每一层楼都要画出楼梯平面图。三层以上的建筑物，若中间各层的楼梯位置及其梯段数、踏步数、台阶尺寸都相同，则可以只画出底层、中间层和顶层楼梯平面图。楼梯平面图因其所处楼层不同而有不同的表达。但有两点特别重要，首先，应当明确所谓平面图，实质上是水平方向剖切后的正投影图，剖切位置高度在该楼层以上 1 m 左右，因此，在楼梯的平面图中会出现折断线；其次，无论是底层、中间层还是顶层楼梯平面图，都必须用箭头标明上下行的方向，而且必须从楼层平台开始标注。

下面以双跑楼梯为例来说明其平面的表示方法（图 7-10）。底层楼梯平面中一般只有上行梯段。顶层平面（不上屋顶的楼梯），由于其剖切位置在栏杆之上，因此图中没有折断线，所以会出现两段完整的梯段和平台。中间层平面既要画出被切断的上行梯段，又要画出该层下行的梯段。其中，有部分下行梯段被上行梯段遮住（投影重合），以 45°折断线为分界。

楼梯平面图应标出楼梯间的轴线编号、开间和进深尺寸，楼地面和休息平台的标高，还要标出楼梯梯段的起步线位置、梯段长度和宽度以及休息平台的宽度等尺寸。楼梯平面分层绘制，是在每层距离地面 1 m 以上沿水平方向剖切后的正投影图，对于相同的各层楼梯可以绘制标准层平面图。楼梯平面图常采用 1∶50 的比例绘制。

楼梯平面图绘制步骤：首先画出楼梯间的横向、纵向轴线，梯段宽度 a，平台深度 s，踏面宽度 b，梯井宽度 k，梯段长度 $L=b\times(n-1)$，n 为台级步数；再根据 b、L、n 用等分平行线间等距离的方法画出踏面投影，画出墙、柱及门窗洞口；再画出栏杆、剖切符号、走向线，并在走向线端部标注上、下和台步级数。最后，按要求加深、加粗线型，标注标高、尺寸、材料图例、图名、比例等（图 7-11）。

(2) 楼梯剖面图。楼梯剖面图是用平行于梯段的假想铅垂剖面将梯段剖开，所得到的剖面图。为表达清楚，剖面图一般向未被剖到的梯段方向投射，如图 7-12 所示。

楼梯剖面图主要表示建筑的层数、各楼层与休息平台的标高，楼梯的梯段数、步级数，构件的连接方式，楼梯栏杆扶手的形式和高度，楼梯间窗台的标高和尺寸等内容。楼梯剖面图常采用 1∶50 的比例绘制。

楼梯剖面图绘制步骤：首先，画出轴线、地面、平台面、楼面，定出楼梯梯段和平台尺寸；其次，画出楼梯坡度线、踏步位置线；再次，画出墙身、梁、板、门窗洞口、踏面和梯板厚度；最后，按要求加深、加粗线型，标注标高、尺寸、材料图例、详图索引符号、图名、比例等（图 7-13）。

(3) 节点详图。楼梯节点详图主要包括踏步、栏杆、扶手等。踏步详图表明踏步的形状、大小、面层做法等；栏杆详图表明栏杆的形式、材料、规格及其连接构造情况；扶手详图表明扶手的截面形状、尺寸、材料及与栏杆的连接方式。节点详图常采用 1∶20 的比例绘制（图 7-14）。

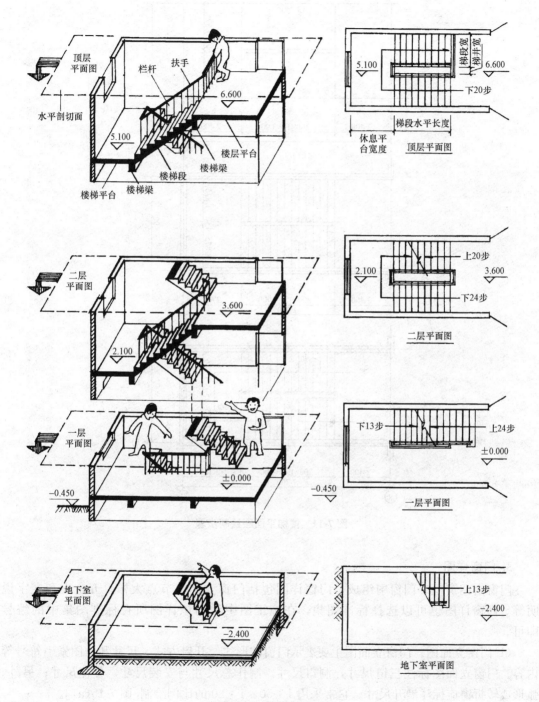

图 7-10 楼梯平面图

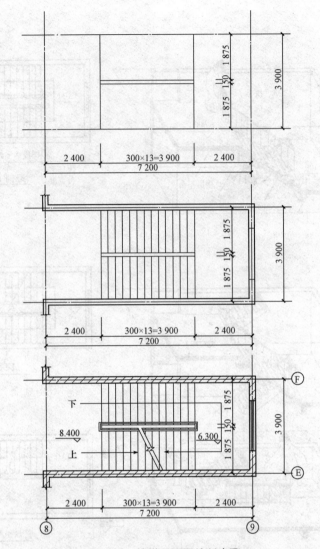

图 7-11 楼梯平面图绘制步骤

3. 门窗详图

门窗由门窗框、门窗扇组成,门窗详图包括门窗立面、节点大样、五金表和文字说明等。门窗详图也可以选择标准图集,在施工图中说明该详图所在标准图集中的编号即可。

(1)门窗立面图。门窗立面图主要表示门窗的形式、开启方式、尺寸和详图索引符号等内容。门窗立面图标注三道尺寸:洞口尺寸,制作总尺寸与安装尺寸,分樘尺寸;另外,弧形或转折窗应标注展开尺寸。它常采用1:50、1:20的比例绘制[图7-15(a)]。

(2)门窗节点详图。表示门窗的框和扇的断面形状、材料、尺寸以及它们之间的连接关系等内容,常采用1:5、1:10的比例绘制[图7-15(c)]。

(3)门窗断面图。表示用料及裁口尺寸,以便于下料加工,常采用1:5、1:2的比例绘制[图7-15(b)]。

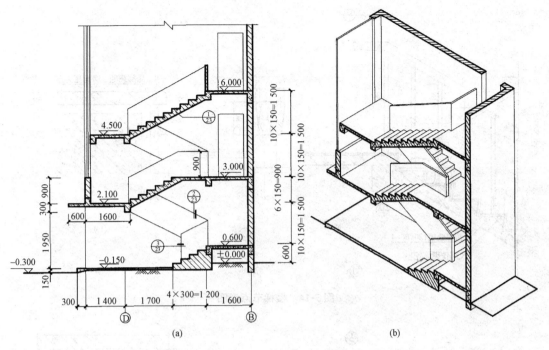

图 7-12 楼梯剖面图
(a)楼梯剖面图；(b)楼梯剖视图

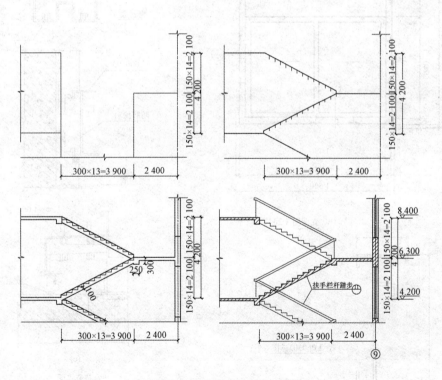

图 7-13 楼梯剖面图绘制步骤

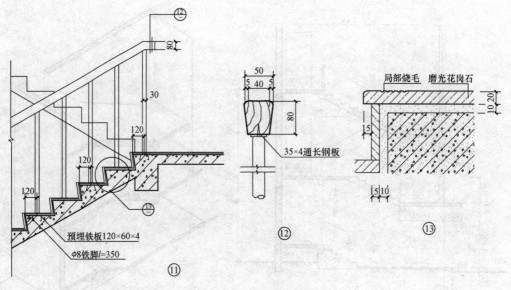

图 7-14 楼梯节点详图

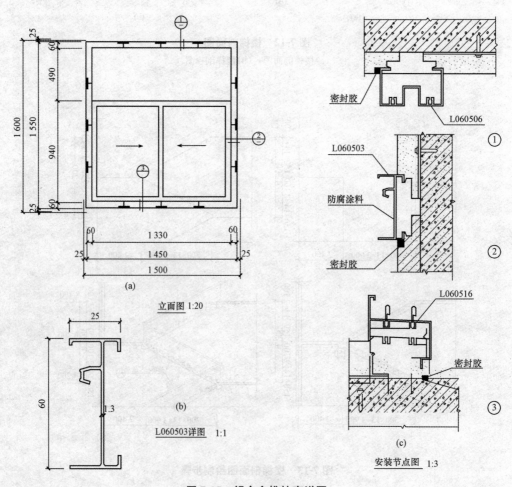

图 7-15 铝合金推拉窗详图

任务实施

由图 7-7 所示的楼梯平面图可知，底层平面图中只有一个被剖到的梯段。从⑨、⑪轴线墙上的入户门处到标高为±0.000 的一层楼层平台，再通过 6 级台阶下到楼梯间入口及门斗的标高为−0.900 的平台上，从连接室内外的门斗平台处下到室外。

标准层平面图中的上、下两个梯段都是画成完整的；上行梯段的中间画有一条与踢面线成 30°的折断线。折断线两侧的上、下指引线箭头是相对的，在箭尾处分别写有"上 20 级"和"下 20 级"，是指从二层上到二层以上的各层及下到一层的踏步级数均为 20 级；说明各层的层高是一致的。由于只有二层平面图上才能看到一层门斗上方的雨篷的投影，故此处用"仅二层有"加以说明。

六层(顶层)平面图的踏面是完整的。因只有下行，故梯段上没有折断线。楼面临空的一侧装有水平栏杆。

图 7-8 所示为按图 7-7 剖切位置绘制的剖面图。从图 7-8 中可以看到，从图的右方标高为−1.000 的室外地坪上到标高为−0.900 的连接室内外的门斗内，再进入楼梯间，通过室内 5 级台阶上到标高为±0.000 的一层楼层平台。每层都有两个梯段，而且每个梯段的级数都是 10 级。楼梯间的顶层楼梯栏杆以上部分以及竖直方向轴线以左的客厅部分，由于与楼梯无关，故都用折断线，折断不画。

项目小结

本项目主要介绍了"建施"部分所含的建筑总平面图、建筑平面图、建筑立面图、建筑剖面图、建筑详图所图示的内容及绘制要求等。

(1)建筑总平面图是表示一个工程的总体布局，是在基地一定范围内的地形图上画出拟建建筑物与原有建筑物外轮廓的水平投影图。建筑总平面图能反映出拟建建筑物的平面形状、位置、朝向以及与基地周围环境的关系，因此是拟建建筑物的施工定位、施工放样、土方施工及基地管线布置和施工总平面设计的依据。

(2)建筑平面图是建筑施工图的基本样图，它是假想用一水平剖切面沿建筑的窗洞口位置(位于窗台稍高一点)将房屋水平剖切，对剖切面以下部分所作的水平投影图。平面图主要反映房屋的平面形状、大小和房间布置，墙(或柱)的位置、尺寸、材料和做法，楼梯和走廊的安排以及门窗的类型、位置等内容。

(3)建筑立面图是建筑物不同方向立面的正投影图。建筑立面图主要表示建筑物的外部形状、主要建筑构件标高及外墙面装饰要求等的图样，按方向分为南立面图、北立面图、东立面图、西立面图。通常把建筑的主入口或反映建筑外貌主要特征的立面称为正立面图，其他立面根据其相对位置称为背立面图和左、右侧立面图。

(4)建筑剖面图是假想用垂直于外墙的铅垂剖切面将建筑剖开，移除一部分，对余下部分向垂直平面作正投影所得到的剖视图。剖面图用来表示建筑内部结构形式、空间分隔情况、房间的开间(或进深)，建筑主要构件的材料、位置及相互关系，屋面、楼层及地面的构造做法等内容。建筑剖面图是与建筑平面图、立面图相互配合表达建筑的重要图样之一。

(5)建筑详图是建筑细部的施工图。由于图幅有限、比例较小，平面图、立面图、剖面图不能明确地表达建筑局部的详细构造、尺寸、做法及施工要求等，必须另外绘制较大比例的图样，才能表达清楚，这种图样称为建筑详图。建筑详图是建筑平面图、立面图、剖面图的补充，是各建筑部位具体构造的施工依据。

思考与练习

1. 建筑施工图包括哪些图样？
2. 简述建筑总平面图主要图示内容及画法规定。
3. 简述建筑平面图主要图示内容及画法规定。
4. 简述建筑立面图主要图示内容及画法规定。
5. 简述建筑剖面图主要图示内容及画法规定。
6. 简述外墙身剖面详图的作用及画法规定。

项目八　结构施工图

知识目标

通过本项目的学习，了解结构施工图的组成、内容与用途，结构施工图常用的符号和图例；掌握建筑结构基础施工图和混凝土结构施工图的识读方法。

能力目标

能够识读房屋的结构施工图，能掌握图纸所表达的建筑结构相关信息。

任务一　结构施工图概述

任务描述

在工业与民用建筑设计中，根据建筑、给水排水、暖通和电气各专业的要求，进行结构选型和构件布置，再通过力学计算，决定房屋各承重构件的材料、形状、大小以及内部构造等，并将设计结果绘制成图样，以指导施工，这种图样称为结构施工图，简称"结施图"。结构施工图是放灰线、挖土方、支模板、绑钢筋、浇灌混凝土、安装构件、编制预算及施工组织计划的重要依据。

本任务要求学生对结构施工图基础知识有所了解。

相关知识

一、结构构件的配筋表达

结构施工图中最重要的表达内容是结构构件的配筋，它的表示方法通常有以下三种。

1. 详图法

详图法是指假想混凝土是透明材料，通过平面图、立面图、剖面图将各构件的结构尺寸、配筋规格等表示出来。详图法虽然能够很直观地表达构件的配筋情况，但是绘制比较烦琐。

2. 梁柱表法

梁柱表法是指采用表格填写的方法，将各个结构构件的尺寸和配筋规格用数字符号等填写在表格中。这种方法需要对各构件进行统一归纳，一般用在墙柱平面图中，用来表达相同规格的柱子以及边缘构件。

3. 平面整体表示法

"平法"制图采用整体表达方法绘制结构布置平面图,把结构构件的尺寸和配筋等在构件的平面位置用数字和符号直接表示出来,再与标准构件详图及相应的"结构设计总说明""构件详图"等配合使用,构成一套完整的结构施工图。

【小提示】 结构施工图的表达通常采用详图法、梁柱表法、"平法"三种方法相结合的方式。通常,用详图法来表达某个截面处的配筋,某些节点处的构造等;用梁柱表法来表达梁及墙柱配筋情况,列表格对墙或柱子的型号进行统一归纳;用平法来表达梁、板、柱在平面中的定位,根据规格对其进行统一编号。

二、建筑结构制图的有关标准规定

结构施工图的绘制,除应符合《房屋建筑制图统一标准》(GB/T 50001—2010)中的基本规定外,还必须符合《建筑结构制图标准》(GB/T 50105—2010)及现行的有关标准和规范的相关规定。

1. 图线

结构施工图中图线的线型和线宽应符合表 8-1 中的规定。

表 8-1 结构施工图中相关图线的线型、线宽及用途

线型名称	线宽	用途
粗实线	b	螺栓、主钢筋线、结构平面图中的单线结构构件线、钢木支撑及系杆线,图名下横线、剖切线
中粗实线	$0.7b$	结构平面图及详图中剖到或可见的轮廓线、基础轮廓线、钢、木结构轮廓线、钢筋线
中实线	$0.5b$	结构平面图及详图中剖到或可见的轮廓线、基础轮廓线、可见的钢筋混凝土构件轮廓线、钢筋线
细实线	$0.25b$	标注引出线、标高符号线、索引符号线、尺寸线
粗虚线	b	不可见的钢筋线、螺栓线、结构平面图中不可见的单线结构构件线及钢、木支撑线
中粗虚线	$0.7b$	结构平面图中不可见构件、墙身轮廓线及不可见钢、木结构构件线、不可见的钢筋线
中虚线	$0.5b$	结构平面图中不可见构件、墙身轮廓线及不可见钢、木结构构件线、不可见的钢筋线
细虚线	$0.25b$	基础平面图中的管沟轮廓线、不可见的钢筋混凝土构件轮廓线
粗单点长画线	b	柱间支撑、垂直支撑、设备基础轴线图中的中心线
细单点长画线	$0.25b$	定位轴线、对称线、中心线、重心线

续表

线型名称	线 宽	用 途
粗双点长画线	b	预应力钢筋线
细双点长画线	$0.25b$	原有结构轮廓线
细折断线	$0.25b$	断开界线
细波浪线	$0.25b$	断开界线

2. 比例

在结构施工图中选用的各种比例，宜符合表 8-2 中的规定。

表 8-2 建筑施工图的比例

图名	常用比例	可用比例
结构平面图、基础平面图	1：50、1：100、1：150	1：60、1：200
圈梁平面图、总图中管沟、地下设施等	1：200、1：500	1：300
详图	1：10、1：20、1：50	1：5、1：25、1：30

3. 常用构件代号

构件的名称一般可用代号来表示，代号后应用阿拉伯数字标注该构件的型号或编号，也可用构件的顺序号。构件的顺序号采用不带角标的阿拉伯数字连续编排。常用的构件代号见表 8-3。

表 8-3 常用结构构件的代号

序号	名称	代号	序号	名称	代号	序号	名称	代号
1	板	B	12	天沟板	TGB	23	楼梯梁	TL
2	屋面板	WB	13	梁	L	24	框架梁	KL
3	空心板	KB	14	屋面梁	WL	25	框支梁	KZL
4	槽形板	CB	15	吊车梁	DL	26	屋面框架梁	WKL
5	折板	ZB	16	单轨吊车梁	DDL	27	檩条	LT
6	密肋板	MB	17	轨道连接	DGL	28	屋架	WJ
7	楼梯板	TB	18	车挡	CD	29	托架	TJ
8	盖板或沟盖板	GB	19	圈梁	QL	30	天窗架	CJ
9	挡雨板或檐口板	YB	20	过梁	GL	31	框架	KJ
10	吊车安全走道板	DB	21	连系梁	LL	32	刚架	GJ
11	墙板	QB	22	基础梁	JL	33	支架	ZJ

续表

序号	名称	代号	序号	名称	代号	序号	名称	代号
34	柱	Z	41	地沟	DG	48	梁垫	LD
35	框架柱	KZ	42	柱间支撑	ZC	49	预埋件	M—
36	构造柱	GZ	43	垂直支撑	CC	50	天窗端壁	TD
37	承台	CT	44	水平支撑	SC	51	钢筋网	W
38	设备基础	SJ	45	梯	T	52	钢筋骨架	G
39	桩	ZH	46	雨篷	YP	53	基础	J
40	挡土墙	DQ	47	阳台	YT	54	暗柱	AZ

注：1. 预制混凝土构件、现浇混凝土构件、刚构件和木构件，一般可以采用本表中的构件代号。在绘图中，除混凝土构件可以不注明材料代号外，其他材料的构件可在构件代号前加注材料代号，并在图纸中加以说明。
2. 预应力混凝土构件的代号，应在构件代号前加注"Y"，如 Y-DL 表示预应力混凝土吊车梁。

4. 钢筋代号及强度标准值

配置在混凝土中的钢筋，按其作用和位置可分为：受力筋、箍筋、架立筋、分布筋、构造筋。纵向受力普通钢筋可采用 HRB400、HRB500、HRBF400、HRBF500、HRB335、HRB400、HPB300 钢筋；箍筋宜采用 HRB400、HRBF400、HRB335、HPB300、HRB500、HRBF500 钢筋。普通钢筋牌号、符号及强度标准值、设计值分别见表 8-4、表 8-5。

表 8-4　普通钢筋牌号、符号及强度标准值　　　　　　N/mm²

牌号	符号	公称直径 d/mm	屈服强度标准值 f_{yk}	极限强度标准值 f_{stk}
HPB300	Φ	6～14	300	420
HRB335	Φ	6～14	335	455
HRB400 HRBF400 RRB400	Φ Φ^F Φ^R	6～50	400	540
HRB500 HRBF500	Φ Φ^F	6～50	500	630

表 8-5　普通钢筋强度设计值　　　　　　N/mm²

牌号	抗拉强度设计值 f_y	抗压强度设计值 f_y'
HPB300	270	270
HRB335	300	300
HRB400、HRBF400、RRB400	360	360
HRB500、HRBF500	435	435

5. 钢筋的一般表示方法

(1)钢筋直径、根数及间距的表示。钢筋的直径、根数及相邻钢筋的中心距采用引出线的方式标注。为了便于识别，构件中的钢筋应进行编号，编号采用阿拉伯数字，写在引出线端部直径为 6 mm 的细实线圆中。在引出线端部，用代号标注钢筋的等级、种类、直径、根数及间距等信息。钢筋标注方式如图 8-1 所示。

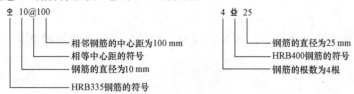

图 8-1 钢筋标注方式

(2)钢筋的表示方法。为表示出钢筋的端部形状、钢筋的配置和搭接情况，普通钢筋在施工图中一般采用表 8-6 中的图例来表示。

表 8-6 普通钢筋常见图例

序号	名 称	图 例	说 明
1	钢筋横断面	●	—
2	无弯钩的钢筋端部		下图表示长、短钢筋投影重叠时，短钢筋的端部用 45°斜画线表示
3	带半圆形弯钩的钢筋端部		—
4	带直钩的钢筋端部		—
5	带丝扣的钢筋端部		—
6	无弯钩的钢筋搭接		—
7	带半圆弯钩的钢筋搭接		—
8	带直钩的钢筋搭接		—
9	花篮螺栓钢筋接头		—
10	机械连接的钢筋接头		用文字说明机械连接的方式（如冷挤压或直螺纹等）

任务实施

应用建筑结构施工图基础知识，对建筑施工图进行绘制、识读，具体见本项目后述各任务。

任务二 图纸目录和结构设计总说明

任务描述

本任务要求学生通过学习、实践等，编制一份建筑结构施工图图纸目录和设计总说明。

相关知识

一、图纸目录

图纸目录是按照先列新绘制的施工图纸、后列选用的图集和标准图的顺序对图纸序号进行排列。施工图的编制顺序为从下至上、先地下再地上、先平面后详图。图纸目录应包括序号、图号、图纸名称、图幅规格、备注等，排放在图纸封面之后、结构设计总说明之前。

二、结构设计总说明

结构设计总说明是对一个建筑物的结构形式和结构构造要求等的总体概述，在结构施工图中占有重要地位，排放在图纸目录之后、施工图之前。

每个单体的结构形式不同，因而结构设计总说明中表达的内容不尽相同，但概括来说，一般包括以下内容：

(1)工程概况，具体包括如下内容：

1)工程地点、工程分区、工程主要功能等。

2)主体结构的形式；各单体的长、宽、高，地上与地下层数；各层层高，主要结构跨度，特殊结构及造型，工业厂房的吊车吨位等。

(2)设计依据，主要包括如下内容：

1)工程设计所依据的规范、规程、图集，以及结构分析所使用的结构分析软件。

2)主体结构的安全等级和设计使用年限。

3)设计采用的荷载值，包括：风荷载、雪荷载、楼(屋面)使用荷载、其他特殊荷载及建设方提供的使用荷载。

4)由地质勘察单位提供的工程地质勘察报告及其主要内容，包括：工程所在地区的地震基本烈度、抗震设防烈度、建筑场地类别、工程地质和水文地质简况等。

(3)基础的形式，地基基础设计等级。

(4)所采用的材料，包括混凝土强度等级、钢筋牌号、砌体及砂浆等级、焊条等级等。

(5)构造做法及要求，一般包括：抗震构造要求、梁板上开洞做法、梁柱节点做法、基础做法等。

(6)本工程施工的特殊要求，施工中应注意的事项。

任务实施

现将某结构施工图纸目录(图 8-2)摘录如下。

××××××建筑设计院

图纸目录

工程名称：××××××　　　　　　　　工程编号：××-×-××
子项名称：10#栋　　　　　　　　　　　子项编号：_____
专业名称：结构　设计阶段：施工图　建筑面积：×××m²　工程造价：_____
　　　　　　　　　　　　　　　　　　日　期：2016.10　　页　次：第1页，共1页

序号	图号	图　名	版号	日期	备注
1	S-00	图纸目录	0	2016.10	
2	S-01	结构设计总说明	0	2016.10	
3	S-02	基础平面图	0	2016.10	
4	S-03	基顶～±0.000 m 柱平面配筋图	0	2016.10	
5	S-04	±0.000～6.000 m 柱平面配筋图	0	2016.10	
6	S-05	6.000 m～坡屋面顶 柱平面配筋图	0	2016.10	
7	S-06	－2.850 m 梁板配筋图	0	2016.10	
8	S-07	±0.000 m 梁板配筋图	0	2016.10	
9	S-08	3.000 m 梁板配筋图	0	2016.10	
10	S-09	6.000 m 梁板配筋图	0	2016.10	
11	S-10	9.300 m 梁板配筋图	0	2016.10	
12	S-11	坡屋顶梁板配筋图	0	2016.10	
13	S-12	楼梯结构图	0	2016.10	

院　　　　长：_____
总 建 筑 师：_____　结构总工程师：_____
设备总工程师：_____　电气总工程师：_____

图 8-2　结构施工图图纸目录

结构施工图设计总说明(摘录)

一、工程概况和总则

1. 本工程设计标高±0.000 相对于绝对标高×××。全部尺寸均以毫米为单位；标高以米为单位，结构标高＝图示标高－0.030 m。

2. 本工程为四层框架结构，位于非抗震区，抗震设防烈度为小于 6 度，不做抗震设防。

3. 本工程结构设计使用年限为 50 年，耐火等级二级，建筑结构安全等级为二级。

二、设计依据

1. 采用中华人民共和国现行国家标准规范和规程进行设计，主要有：

建筑结构可靠度设计统一标准	GB 50068—2001	建筑地基基础设计规范	GB 50007—2011
建筑结构荷载规范	GB 50009—2012	砌体结构设计规范	GB 50003—2011
混凝土结构设计规范(2015年版)	GB 50010—2010	建筑工程抗震设防分类标准	GB 50223—2008
建筑抗震设计规范(2016年版)	GB 50011—2010	砌体结构工程施工质量验收规范	GB 50203—2011

2. 根据"×××勘测设计院"提供的《××××××××住宅小区岩土工程勘察报告》,场地类别:二类;地基基础设计等级为丙级。本工程基础形式采用钢筋混凝土独立基础,基础持力层为强风化泥岩层,承载力特征值 $f_{ak}=400\ kPa$,具体详见"基础平面图",基础回填土应分层夯实,压实系数不小于0.94。基础施工时若发现地质实际情况与设计要求不符,须通知地质勘察工程师及设计人员共同研究处理。

3. 基本风压:$0.40\ kN/m^2(n=50)$,地面粗糙度:A类,风载体型系数:1.3,基本雪压:$0.35\ kN/m^2(n=50)$。

4. 主要楼面活荷载标准值:

楼面用途	阳 台	卫生间	楼 梯	卧 室	不上人屋面	上人屋面
活荷载/$(kN\cdot m^{-2})$	2.5	2.0	2.0	2.0	0.5	2.0

5. 本工程的混凝土结构的环境类别:室内正常环境为一类,室内潮湿、露天及与水土直接接触部分为二类a。

三、结构

(一)材料

1. 现浇部分混凝土强度等级详见下表:

楼层	柱	梁	板	独基	基础梁	楼梯,构造柱及线角	其他
基础~屋顶	C25	C25	C25	C25	C25	同各楼层混凝土	基础垫层 C15

2. 图中的钢筋ф表示HPB300级钢筋($f_y=300\ N/mm^2$);Ф表示HRB335级钢筋($f_y=335\ N/mm^2$)。

3. 砌体材料见下表:

楼层	砖石名称及强度等级	砂浆名称及强度等级	备注
±0.000 以下	MU10 烧结普通砖	M10 水泥砂浆	烧结多孔砖相对密度
±0.000 以上	MU10 烧结多孔砖	M5 混合砂浆	$\leqslant 13\ kN/m^3$

(二)楼屋面

1. 现浇板。

(1)跨度≥3 m 的板,要求板跨中起拱 $L/400$。

(2)现浇板中的受力钢筋,其短向筋放在外层,长向筋放在短向筋内侧。楼、屋面板板面支座负筋应每隔1 000加设ф10骑马凳,施工时严禁踩踏板构造钢筋;边跨下部受力钢筋伸至距板边减15 mm处,中跨下部受力筋伸至支座中心且≥5d,受力筋从距墙边或梁边50 mm处开始配置。

2. 各楼层的端跨板的端角处(包括嵌固于承重墙内或支承于框架梁上),以及板跨≥4.2 m 时在 $L=1/4$ 短向板跨范围内,增加设置斜筋。详见楼板开洞补强图。

(三)梁、柱

1. 跨度≥4m 的梁,除图中注明者外,应起拱 1/500;悬臂梁跨度大于 2 m 时,应起拱 1/250。

2. 托墙梁纵筋和腰筋在柱内的锚固,按 16G101—1 框支梁的要求施工。

(四)构造柱(GZ*)

1. 混凝土 GZ* 平面位置详见基础平面图及各层楼、屋平面图。构造柱构造详见 03ZG002。

2. 构造柱纵筋应穿过圈梁,当构造柱与圈梁边缘对齐时,应将圈梁的纵向钢筋放置在最外侧,构造柱纵筋从圈梁最外侧纵向钢筋内侧通过。

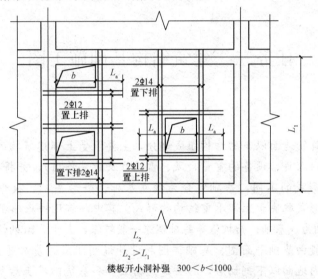

楼板开小洞补强 $300<b<1000$

加强筋均设于板底

(五)圈梁(QL)、过梁

1. 高度大于 4 m,墙厚≥180 mm 的非承重墙体;高度大于 3.2 m 墙厚<180 mm 而 ≥140 mm 的非承重墙体;高度大于 2.8 m,墙厚≥90 mm 而<140 mm 的非承重墙,均应在墙半高处设置 1 道钢筋混凝土圈梁(也可在窗洞顶部设)。不到顶的墙顶部设压顶圈梁。混凝土强度等级为 C20(见附加圈梁图)。除注明外,圈梁 QL 截面墙厚240 mm,纵筋 4Φ12,箍筋 Φ6@200;砌体结构时承重墙体圈梁顶标高设在:楼层标高 −0.140 m 和屋面标高。

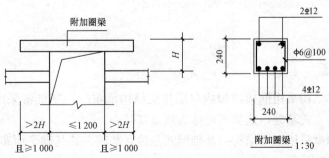

附加圈梁图

2. 圈梁纵筋锚固，搭接长度均为 $35d$，圈梁构造详见 03ZG002 中：页 17 内节点 1、2、3、7、8、9；页 18 内节点 2~8。

（六）砌体

（七）钢筋混凝土墙

四、其他

1. 施工缝的设置遵照《混凝土结构工程施工质量验收规范》(GB 50204—2015)。
2. 凡墙上集中穿线布管处应采用 C20 素混凝土浇捣密实，且墙体在布管区两侧砌马牙槎。
3. 沉降观测：本工程应对建筑物在施工及使用过程中进行沉降观测并加以记录，沉降观测由建设单位委托勘测单位承担，观测点的埋设及保护则需施工单位及使用单位给予配合。
4. 施工时应与建筑、水、电、暖通等有关专业图纸配合。
5. 斜屋面采用细石混凝土捣制，粗集料粒径不大于 10 mm。

任务三　建筑结构基础施工图

任务描述

基础是位于建筑物地面以下的结构组成部分，主要承受上部建筑物的全部荷载（包括建筑物自重及建筑物内人员、设备的重量，风、雪荷载及地震作用），并将荷载传递给地基。

根据建筑结构形式的不同，基础可分为独立基础、条形基础、筏形基础、箱形基础、桩基础等，基础的形式取决于上部承重结构的形式。其中，前几种基础埋深较浅，一般不大于 5 m，称这类基础为浅基础；而桩基等基础埋深一般较深，大于 5 m 的情况称之为深基础。

基础施工图一般由基础平面图、基础详图和设计说明组成。基础平面图是假想用一个水平面沿建筑物室内地面以下剖切后，移去建筑物上部和基坑回填土后所作的水平剖面图。它主要表达基础的平面布置情况以及基础与墙、柱定位轴线的相对关系，是房屋施工过程中指导放线、基坑开挖、定位基础的依据。

基础详图主要表达基础各部分的断面形状、尺寸、材料、构造做法、细部尺寸和埋置深度。

设计说明的主要内容是明确室内地面的设计标高、基坑的开挖深度、持力层及承载力特征值以及对基础施工的具体要求等。

本任务要求学生通过对几种常见基础形式结构施工图的学习，掌握建筑结构基础施工图的绘制、识读方法。

相关知识

一、独立基础

当建筑物上部结构采用框架结构或单层排架结构承重时，基础常采用方形、圆柱形和多边形等形式的独立式基础，这类基础称为独立基础。

本节实例某别墅采用框架结构，基础形式是独立基础。其基础平面布置图按 1∶100 的比例绘制，如图 8-3 所示。

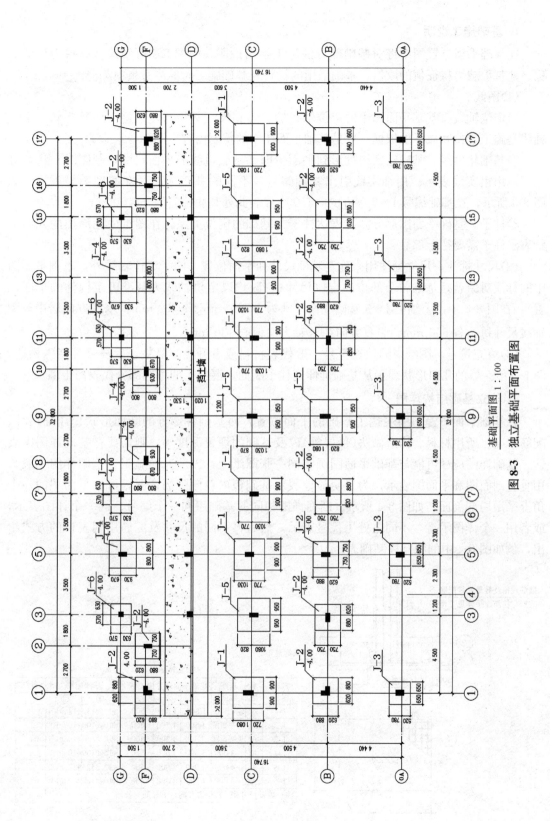

图 8-3 独立基础平面布置图

1. 基础施工说明

在基础平面布置图中将对基础部分的施工给出说明，由图 8-3 可知该基础持力层的名称、地基承载力特征值的取值、基础采用的材料及基础施工时的注意事项等。

(1)图线。

1)定位轴线。基础平面图中的定位轴线的编号和尺寸必须与建筑施工图相一致。定位轴线是施工定位和放样的依据，也是基础平面图中的重要内容。

2)基础轮廓线。基础轮廓线投影到平面中即基础底边线的平面尺寸，制图时常将基础轮廓线用粗实线表示。用细实线引出基础编号，不同的基底标高写在基础编号下方。如图 8-3 所示，在基础编号 J—2 下方的—4.000 代表此处基底标高为—4.000 m。

3)柱子。基础平面图部分需要表达柱子与基础的定位关系，在图纸中用涂黑的几何形状表示柱子需要往上部做。

(2)尺寸标注。尺寸标注用来确定基础尺寸和平面位置，除了定位轴线外，基础平面图中的标注对象就是基础各个部位的定位尺寸(一般均以定位轴线为基准确定构件的平面位置)。在图 8-3 中，①轴上 J—3 基础底面尺寸为 1 300 mm×1 300 mm，水平方向居中，距轴线尺寸每边各 650 mm，竖直方向往⓪A轴方向偏心 130 mm。

(3)填充符号。图纸中的填充符号一般代表材料或者升板、降板、后浇带等特殊构造。图 8-3 中涂黑的几何形状表示从基础延伸到柱子断面，混凝土的填充部分代表挡土墙。

2. 独立基础结构详图

在基础平面布置图中表达了基础的平面位置，而基础各部分的断面形式、详细尺寸、配筋情况、所用材料、构造做法(垫层等)以及基础的埋置深度等，则需要在基础详图中表达。基础详图应尽可能与基础平面图画在同一张图纸上，以便对照施工。基础详图一般采用垂直剖面图和平面图表示，为了明显地表示基础板内双向配筋情况，可在平面图的一个角上采用局部剖面，如图 8-4 所示。断面详图相同的基础用同一个编号、同一个详图表示，或者用一个详图示意，不同之处用代号表示，然后将不同的尺寸及配筋用列表格的方式给出，例如图 8-4 中的独立柱基础表。

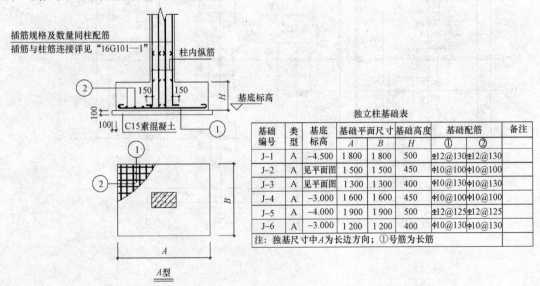

图 8-4 独立基础详图

基础详图的绘制比例见表 8-2，其图示内容主要有以下几点：

(1)基础断面轮廓线和基础配筋。在基础详图上要画出基础的断面轮廓，如图 8-4 所示，用 A 表示基础底面的长边，用 B 表示基础底面的短边。不同的基础 A 和 B 的取值不同，需查阅独立柱基础表；基础的配筋由①、②引出，分别代表沿基础长边方向的配筋和沿基础短边方向的配筋，也可在独立柱基础表中查得。基础详图还需注明基础的代号或图名、定位轴线及编号。

(2)柱子断面轮廓线。如图 8-4 所示，用混凝土符号填充的部分为柱子断面轮廓线，平面图与垂直剖面图相对应可看出柱子位于独立基础正上方，柱内钢筋插入基础底面，做 150 mm 长的弯折以便钢筋直立。柱子的具体尺寸及定位见柱平面布置图。

(3)尺寸标注。在基础详图中，要将整个基础的外形尺寸、钢筋尺寸、定位轴线到基础边缘尺寸以及各细部尺寸都标注清楚。还应标注室内外地面、基础底面的标高。

二、条形基础

条形基础属于连续分布的基础，其长度方向的尺寸远大于宽度方向。条形基础根据上部结构的不同，又分为墙下条形基础和柱下条形基础两种。

1. 墙下条形基础

图 8-5 所示为某民用住宅的基础平面布置图，该住宅上部结构为砌体结构，因而采用了墙下条形基础。

(1)基础设计说明。在基础平面布置图中针对基础部分给出专门的文字说明，从设计说明中可知±0.000 标高的确定，图中未注明的墙厚及定位，基坑开挖深度及地基处理办法，垫层承载力特征值等。

(2)图线。本施工图中的图线有以下几种：

1)定位轴线：与独立基础平面布置图中一致。

2)墙身线：定位轴线两侧的中粗线是墙的断面轮廓线，两墙线外侧的实线是可见的基础底部的轮廓线，由设计说明可知未注明的墙线均为轴线居中定位，即 240 mm 厚墙均轴线居中，370 mm 厚墙均为轴线偏心。

3)基础圈梁线：此工程基础圈梁沿墙满布(在结构总说明中给出)，因此，不用画出圈梁的平面布置，而它的截面尺寸、梁顶标高及配筋需在图 8-6 所示的基础详图中查得。

4)构造柱：为满足抗震设防的要求，砌体结构房屋要设置构造柱，构造柱通常从基础梁或者基础圈梁的顶面开始设置，图纸中涂黑的部分即为构造柱的截面。

(3)剖切符号。由于上部结构布置、荷载或者地基承载力不同，在实际设计中房屋不同位置的基础尺寸和配筋等不尽相同。在基础平面图中相应的位置画出剖切符号并注明断面编号，以便分别画出它们的断面详图。断面编号可以采用阿拉伯数字或者英文字母，注写的一侧为剖视方向。如图 8-5 所示的 1—1 剖面看图方向是从①轴往Ⓐ轴看、从①轴往⑬轴看。

(4)尺寸标注。除了定位轴线外，基础平面图中的标注对象为基础各个部位的定位尺寸和定形尺寸。图 8-5 中标注 1—1 剖面基础宽度为 1 200 mm，2—2 剖面基础宽度为 1 500 mm。①轴上墙厚为 370 mm，墙体偏心，墙体两边线到定位轴线分别为 120 mm 和 250 mm。

墙下条形基础的结构详图如图 8-6 所示，对照图 8-5 和图 8-6 可以看出：

1)图 8-6 所示为墙下钢筋混凝土条形基础，粗实线代表钢筋线；条形基础上部用斜线

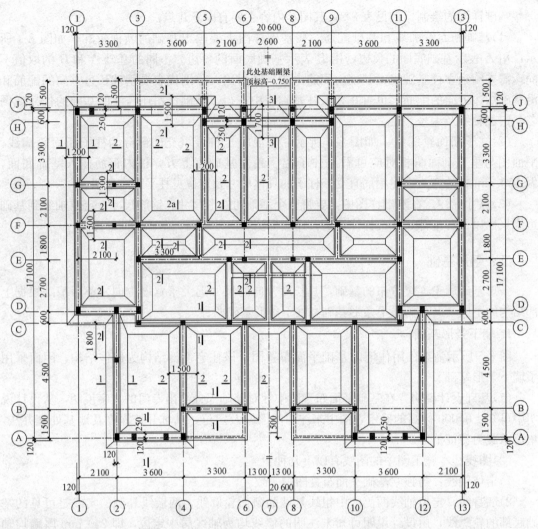

设计说明:
1.本工程的±0.000对应的相对标高现场定。
2.图中未注墙均为240mm,均轴线居中。
3.本工程地基处理采用换填垫层法,基坑开挖至-3.50m标高后,先进行普探,待问题坑处理后,用1 000厚的3:7灰土分层碾压回填至标高-2.50m,要求灰土的压实系数不应小于0.97,处理完后的灰土垫层承载力特征值≥220 kPa。
4.未尽事宜应按照《建筑地基处理技术规范》(JGJ 79—2012)及有关规定执行。

图 8-5 墙下条形基础平面布置图

进行图案填充的部分为墙体,下部用面积不同的三角形填充的部分为素混凝土垫层,条形基础及圈梁部分为钢筋混凝土。

2)基础垫层的厚度为100 mm,基础底面标高为-2.400 m,基础圈梁的顶标高从圈梁配筋详图中查阅为-0.060 m,结合平面图中①轴上⑥~⑧轴之间的文字说明知此处圈梁顶标高为-0.750 m,即此处基础圈梁标高降低,这一般是设备专业需要进出管道等为防止管道将基础圈梁打断而采取的措施。

3)图 8-6 中基础配筋一览表给出了1—1、2—2、3—3 这三种基础断面的基础宽度分别为1 200 mm、1 500 mm、1 700 mm;从表格中 b 和 B 的数值可以看出,以上基础均为轴线

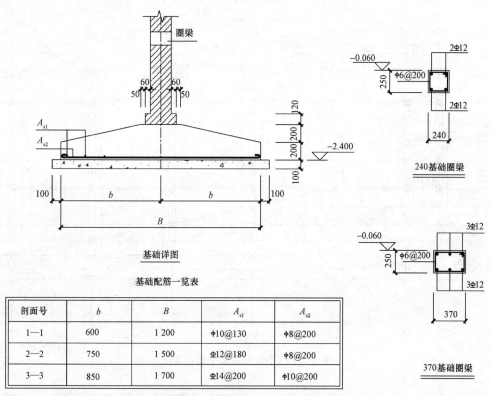

图 8-6 墙下条形基础详图

基础配筋一览表

剖面号	b	B	A_{s1}	A_{s2}
1—1	600	1 200	$\Phi 10@130$	$\Phi 8@200$
2—2	750	1 500	$\Phi 12@180$	$\Phi 8@200$
3—3	850	1 700	$\Phi 14@200$	$\Phi 10@200$

注：隔墙基础参见图集《陕02G03》页8详图1。

居中；沿基础长度方向的配筋为 A_{s1}，沿基础宽度方向的配筋为 A_{s2}；剖面 1—1、2—2、3—3 剖切的基础断面位置在图 8-5 条形基础平面布置图中查阅。

4）基础圈梁的配筋分为两种情况：一种为 240 mm 厚墙体内设置的基础圈梁宽度同墙厚，高度为 250 mm，纵筋为上下各两根牌号为 HRB335、直径为 12 mm 的钢筋，箍筋为牌号为 HPB300、直径为 6 mm 的双肢箍，箍筋间距为 200 mm；另外一种为 370 mm 厚墙体内设置的基础圈梁宽度同墙厚，高度为 250 mm，纵筋为上下各三根牌号为 HRB335、直径为 12 mm 的钢筋，箍筋为牌号为 HPB300、直径为 6 mm 的双肢箍，箍筋间距为 200 mm。

【小提示】 一般情况下，将基础平面布置图和基础详图、设计说明等有关基础部分的施工图都画在一张图纸中以便查阅，一张图纸放置不下时可将基础详图放在其他适当的图纸中。

2. 柱下条形基础

图 8-7 所示为某体育场看台部分基础的平面布置图，该看台上部结构为框架结构，为了增强看台的整体性，基础形式采用柱下条形基础。

对照图 8-7 和图 8-8 可以看出：

(1)图 8-7 所示为柱下条形基础平面布置图，图 8-8 所示为柱下条形基础 JCL—1 的纵剖面图和横断面图，这三个部分相对应。

(2)此基础由条形基础和基础连系梁(用 LL 表示)组成。其中，条形基础可认为由基础梁(图中用 JCL 表示)和锥形扩展基础两部分组成，基础梁宽度为 600 mm，高度为 1 350 mm，基础梁顶标高为 －0.750 mm；梁上部配置 7 根直径为 18 mm、牌号为 HRB400 的钢筋；下

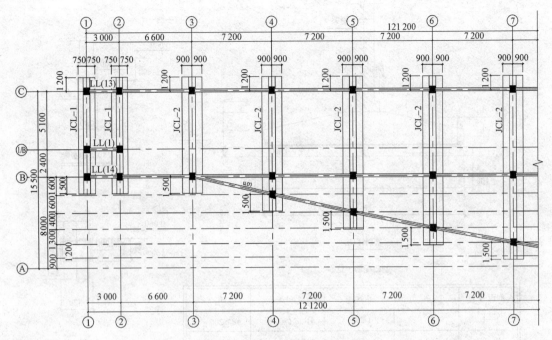

图 8-7 柱下条形基础平面布置图

部配置 7 根直径为 22 mm、牌号为 HRB400 的钢筋；腰部配置 12 根直径为 14 mm、牌号为 HRB400 的钢筋，梁两侧各 6 根；梁两侧腰筋配置了直径为 12 mm、牌号为 HPB300 的拉结筋；箍筋为 Φ8@200；基础底面配筋情况：沿基础宽度方向为 Φ12@100，沿基础长度方向配置 Φ8@150 钢筋，如图 8-8 中的详图 JCL－1 所示。

(3)基础底标高为 －2.1 m，基础中心位置与定位轴线均重合，每根基础梁上的柱子都用涂黑的矩形表示。

(4)图 8-8 中只给了 JCL－1 的横断面及纵剖面图。

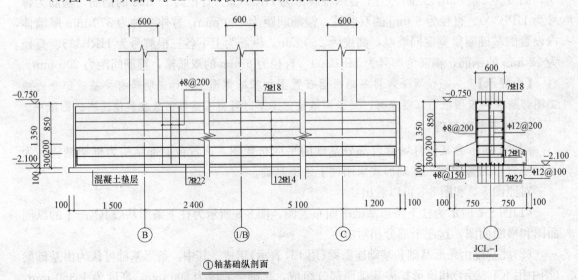

图 8-8 柱下条形 JCL－1 纵剖面图和横断面图

三、桩基础

当浅层地基上无法满足建筑物对地基变形和承载力的要求时,可以利用深层较坚硬的土层作为持力层,从而设计成深基础(基础埋深大于基础宽度且深度超过 5 m 的基础)。桩基础便是一种常见的深基础,它通常由承台和桩身两部分组成,如图 8-9 所示。上部承台的作用是把下面的若干根桩联结成整体,通过承台把上部结构荷载传递给桩,再传给桩下层较坚实的土层。

桩基础施工图主要表达桩、承台、柱或墙的平面位置和形状,桩距,材料、配筋及其他施工要求等。一般由桩基础设计说明、桩平面布置图、基础详图(承台及桩身配筋等)组成。

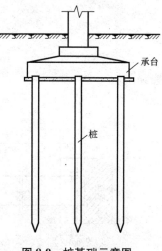

图 8-9 桩基础示意图

1. 桩基础平面布置图

图 8-10 所示为一个 CFG 桩基础平面布置图,从图中可以看出桩基础平面布置图包括以下两个部分:

(1)桩基础设计说明。在桩基础施工图的绘制过程中,有一些设计或者施工要求可通过文字表达,即桩基础设计说明,主要包括以下几个方面的内容:

1)设计依据、场地绝对标高值;
2)桩的种类、施工方式、单桩承载力特征值;
3)桩基持力层的选择、桩入土深度的控制方法;
4)桩身采用的混凝土强度等级、保护层厚度、钢筋类别;
5)试桩要求、试桩数量及平面位置;
6)在施工中应注意的事项。

(2)桩基础平面布置图。桩基础平面布置图是用一个在桩顶附近的假想平面将基础剖切并移去上部结构后形成的水平投影图。桩基础平面布置图的主要内容包括:图名,比例,定位轴线及编号、尺寸间距,桩的平面位置及编号,承台的平面布置。

2. 桩基础详图

(1)桩身详图。桩身详图是通过桩中心的竖直剖切图。桩身较长时,绘图可将其用双打断符号打断,以省略中间相同部分。桩身详图主要包括以下几项:

1)图名,桩径、桩长、桩顶嵌入承台的长度;
2)桩主筋及箍筋的数量,钢筋牌号、直径及间距,桩内钢筋的长度、钢筋伸入承台内的长度;
3)桩身横断面图。

(2)承台详图。承台详图反映承台和承台梁的剖面形式、细部尺寸、配筋情况及其他特殊构造。它主要包括以下几项:

1)承台和承台梁剖面形式、细部尺寸、配筋情况;
2)所用的垫层材料、垫层厚度。识读完基础施工图后应该清楚基础采用的形式,记住轴线尺寸等有关数据,明确基坑开挖深度和基础底标高、基础尺寸、基础配筋、预留孔洞位置等内容。

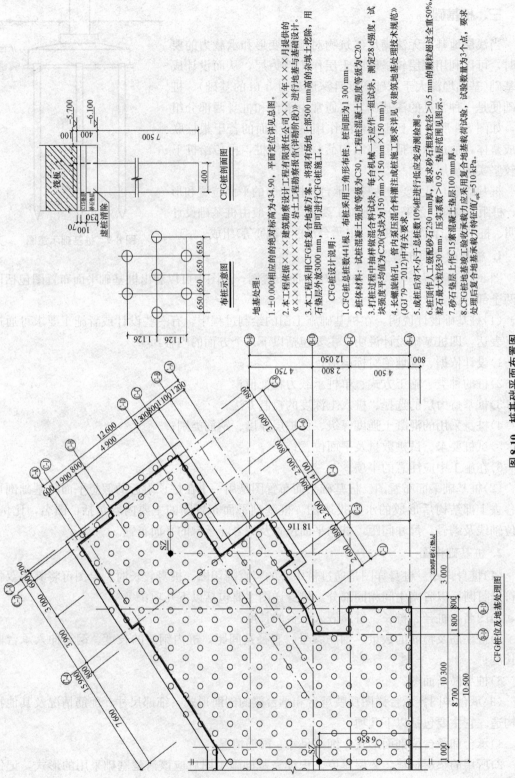

图 8-10 桩基础平面布置图

任务实施

有关独立基础、条形基础、桩基础结构施工图的识读实例详见前述相关知识的内容。

任务四 混凝土结构施工图平面整体表示方法

任务描述

混凝土结构施工图平面整体表示方法，简称"平法"，是我国对混凝土结构施工图设计方法所作的重大改革，也是目前广泛应用的结构施工图画法。它是把结构构件的尺寸、形状和配筋按照平法制图规则直接表达在各类结构构件的平面布置图上，再与标准构件详图结合，构成一套完整的结构设计图。该方法表达清晰、准确，主要用于绘制现浇钢筋混凝土结构的梁、板、柱、剪力墙等构件的配筋图。

平法施工图应根据国家建筑标准设计图集《混凝土结构施工图平面整体表示方法制图规则和构造详图》中的制图规则绘制，现行图集的编号为16G101。

本任务要求学生通过对混凝土柱、梁结构平法施工图的学习，完成以下问题：

图8-11为某框架结构柱的截面注写方式，请根据图进行识读。

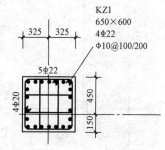

图8-11 框架柱截面

相关知识

一、柱平面整体表示法

柱平面整体表示法是在柱平面布置图上采用截面注写方式或列表注写方式表达。柱平面布置图可采用适当比例单独绘制，也可与其他构件合并绘制。

(一)柱的截面注写方式

柱的截面注写方式是在柱平面布置图的柱截面上，分别在同一编号的柱中选择一个截面，以直接注写方式注写截面尺寸和配筋具体数值。

【例8-1】 识读图8-12所示柱平法施工图。

分析：

(1)柱的代号为 KZ1、KZ2、KZ3、LZ1 等。KZ1 为 1 号框架柱，KZ2 为 2 号框架柱，KZ3 为 3 号框架柱，LZ1 为 1 号梁上柱。

(2)650×600、250×300 表示柱的截面尺寸。4Φ22、22Φ22、24Φ22、6Φ16 表示柱中纵筋的数量、级别和直径。

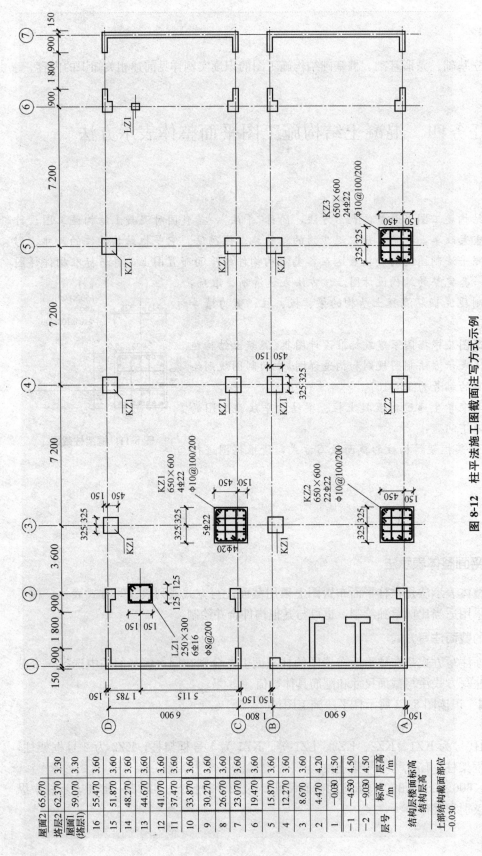

图 8-12 柱平法施工图截面注写方式示例

(3)KZ1、KZ2、KZ3 的断面形状为矩形，与轴线的关系为偏轴线和柱的中心线与轴线重合两种形式。b 方向中心线与轴线重合，左右都为 325 mm；h 方向偏心，h_1 为 150 mm，h_2 为 450 mm。

(4)KZ1 中 4Φ22 表示四个角的钢筋为 4 根直径为 22 mm 的 HRB335 级钢筋。当纵筋采用两种直径时，须再注写截面各边中部筋的具体数值，对于采用对称配筋的矩形截面柱，可仅在一侧注写中部筋，对称边省略不注。b 边一侧中部钢筋为 5Φ22，即 b 边两侧中部共配 10 根直径为 22 mm 的 HRB335 级钢筋。h 边一侧中部钢筋为 4Φ20，即 h 边两侧中部共配 8 根直径为 20 mm 的 HRB335 级钢筋。故在 19.470～37.470 m 范围内一共配有 Φ22 的钢筋 14 根和 Φ20 的钢筋 8 根。

(5)ϕ10@100/200 表示柱中箍筋的级别、直径和间距，用"/"区分加密区和非加密区的间距。加密区的箍筋为 ϕ10@100，即直径为 10 mm 的 HPB300 级钢筋，间隔 100 mm。非加密区的箍筋为 ϕ10@200，即直径为 10 mm 的 HPB300 级钢筋，间隔 200 mm。

(二)柱的列表注写方式

列表注写方式是在柱平面布置图上(一般只需采用适当比例绘制一张柱平面布置图，包括框架柱、框支柱、梁上柱和剪力墙上柱)，分别在同一编号的柱中选择一个(有时需要选择几个)截面标注几何参数代号，在柱表中注写柱号、柱段起止标高、几何尺寸(含柱截面对轴线的偏心情况)与配筋的具体数值，并配以各种柱截面形状及其箍筋类型图的方式来表达柱平法施工图，如图 8-13 所示。

(1)柱编号。编号由柱类型代号(如 KZ)和序号(如 1、2 等)组成，应符合表 8-7 的规定。给柱编号一方面使设计和施工人员对柱种类、数量一目了然；另一方面，在必须与之配套使用的标准构造详图中，也按构件类型统一编制了代号，这些代号与平法图中相同类型的构件的代号完全一致，使两者之间建立明确的对应互补关系，从而保证结构设计的完整性。

表 8-7 柱编号

柱类型	代号	序号
框架柱	KZ	××
转换柱	ZHZ	××
芯柱	XZ	××
梁上柱	LZ	××
剪力墙上柱	QZ	××

(2)截面尺寸。

1)矩形柱：截面尺寸 $b \times h$ 及与轴线关系的几何参数代号 b_1、b_2 和 h_1、h_2 的具体数值，需对应于各段柱分别注写。其中，$b=b_1+b_2$，$h=h_1+h_2$。当截面的某一边收缩变化至与轴线重合或偏到轴线的另一侧时，b_1、b_2、h_1、h_2 中的某项为零或为负值。

2)圆柱：在圆柱直径数字前加 d 表示。为表达简单，圆柱截面与轴线的关系也用 b_1、b_2 和 h_1、h_2 表示，并使 $d=b_1+b_2=h_1+h_2$。

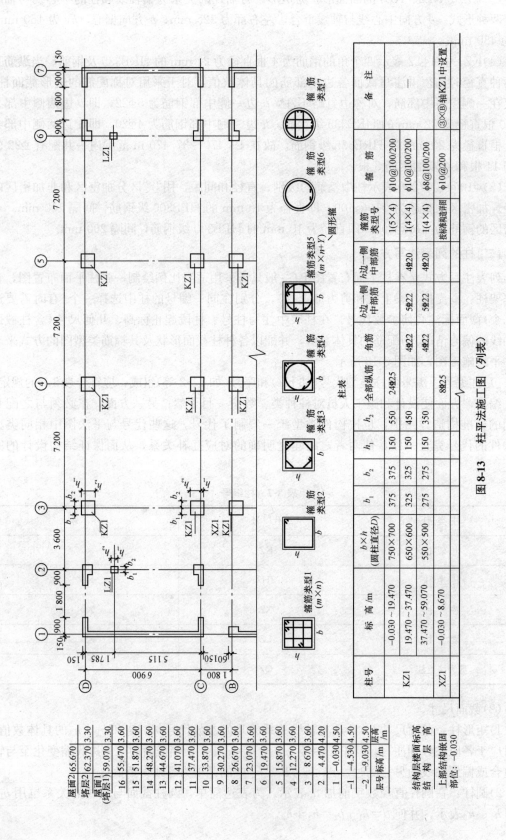

图 8-13 柱平法施工图（列表）

(3)柱纵筋。当柱纵筋直径相同,各边根数也相同时(包括矩形柱、圆柱和芯柱),将纵筋注写在"全部纵筋"一栏中。

除此之外,柱纵筋分角筋、截面 b 边中部筋和 h 边中部筋三项分别注写(对于采用对称配筋的矩形截面柱,可仅注写一侧中部筋,对称边省略不注,对于采用非对称配筋的矩形截面柱,必须每侧均注写中部筋)。

(4)箍筋。注写柱箍筋,包括钢筋级别、直径与间距,用斜线"/"区分柱端箍筋加密区与柱身非加密区长度范围内箍筋的不同间距。

当圆柱采用螺旋箍筋时,需在箍筋前加"L"。

各种箍筋类型图如图 8-14 所示。

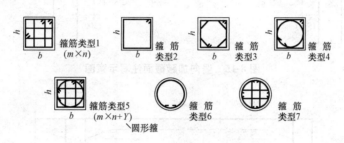

图 8-14 各种箍筋类型图

二、梁平面整体表示法

梁平面整体表示法是在梁平面布置图上采用平面注写方式或截面注写方式表达。

(一)梁的平面注写方式

平面注写方式是在梁平面布置图上,分别在不同编号的梁中各选一根梁,在其上注写截面尺寸和配筋的具体数值。平面注写包括集中标注和原位标注。

1. 集中标注

集中标注表达梁的通用数值,包括五项必注值和一项选注值。五项必注值是梁编号、梁截面尺寸 $b×h$(宽×高)、梁箍筋配置、梁上部通长筋或架立筋配置、梁侧面纵向构造钢筋或受扭钢筋配置;一项选注值是梁顶面标高高差。

(1)梁编号由梁类型代号、序号、跨数及有无悬挑代号几项组成,应符合表 8-8 的规定。

表 8-8 梁编号

梁类型	代号	序号	跨数及是否带有悬挑
楼层框架梁	KL	××	(××)、(××A)或(××B)
屋面框架梁	WKL	××	(××)、(××A)或(××B)
框支架	KZL	××	(××)、(××A)或(××B)
非框架梁	L	××	(××)、(××A)或(××B)
悬挑梁	XL	××	
井字梁	JZL	××	(××)、(××A)或(××B)

(2)梁截面尺寸。该项为必注值。等截面梁时,用 $b×h$ 表示;当为竖向加腋梁时,用 $b×h$ Y$c_1×c_2$ 表示,其中 c_1 为腋长,c_2 为腋高(图 8-15);当为水平加腋梁时,用 $b×h$ PY$c_1×c_2$ 表示,其中 c_1 为腋长,c_2 为腋宽(图 8-16);当有悬挑梁且根部和端部的高度不同时,用斜线分隔根部与端部的高度值(该项为原位标注),即 $b×h_1/h_2$(图 8-17)。

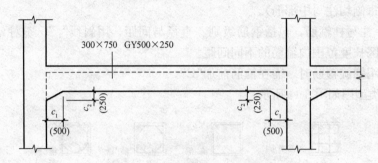

图 8-15　竖向加腋截面注写示意图

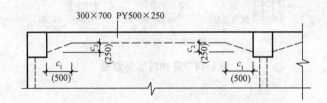

图 8-16　水平加腋截面注写示意图

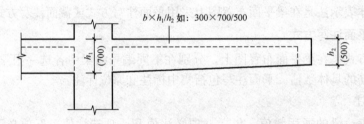

图 8-17　悬挑梁不等高截面注写示意图

(3)梁箍筋。包括钢筋级别、直径、加密区与非加密区间距及肢数,该项为必注值。箍筋加密区与非加密区的不同间距及肢数需用斜线分隔;当梁箍筋为同一种间距及肢数时,则不需用斜线;当加密区与非加密区的箍筋肢数相同时,则将肢数注写一次;箍筋肢数应写在括号内。加密区范围见相应抗震级别的构造详图。

(4)梁上部通长筋或架立筋配置。通长筋是指直径不一定相同但必须采用搭接、焊接或机械连接接长且两端不一定在端支座锚固的钢筋。当同排纵筋中既有通长筋又有架立筋时,用加号"+"将通长筋和架立筋相连。标注时将角部纵筋写在加号的前面,架立筋写在加号后面的括号内,以示不同直径及与通长筋的区别。当全部采用架立筋时,则将其写入括号内。

【例 8-2】　识读图 8-18 所示梁的集中标注。

分析:

(1)KL2(2A)300×650 表示梁的名称及截面尺寸。KL2 表示 2 号框架梁。(2A)表示该

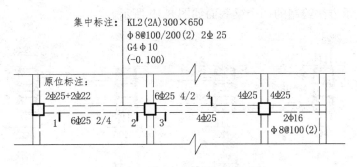

图 8-18 梁平面注写方式

梁 2 跨，字母 A 表示一端悬挑（若为 B 则表示两端悬挑）。300×650 表示梁的截面尺寸（若为 300×650/500 则表示变截面梁，高端为 650 mm，矮端为 500 mm；若为 Y500×200 则表示加腋梁，加腋长为 500 mm，加腋高为 200 mm）。

（2）ф8@100/200(2)2Φ25 表示箍筋及梁上部通长筋配置情况。ф8@100/200(2) 表示箍筋为 HPB300 级钢筋，直径为 8 mm，加密区间距为 100，非加密区间距为 200，均为双肢箍；2Φ25 表示梁上部有 2 根直径为 25 mm 的通长筋，通长筋为 HRB335 级钢筋。

（3）G4ф10 表示腰筋配置，用于高度≥450 mm 的梁。"G"表示按构造要求配置的钢筋；若为"N"则表示按计算配置的抗扭钢筋。G4ф10 表示梁的两个侧面共配置 4 根直径为 10 mm 的纵向构造钢筋，规格为 HPB300 级钢筋。

（4）(－0.100) 表示梁的顶面标高高差。梁的顶面标高高差，是指相对于结构层楼面标高的高差值。有高差时须将其写入括号内，无高差时则不用标注。如 (0.100) 表示梁顶面标高比本层楼的结构层楼面标高高出 0.100 m；(－0.100) 表示梁顶面标高比本层楼的结构层楼面标高低 0.100 m。

2. 原位标注

原位标注表达梁的特殊数值，内容包括上部纵筋、下部纵筋、附加箍筋或吊筋。

【例 8-3】 识读图 8-19 所示梁的原位标注。

分析：

（1）梁支座上部纵筋。同排纵筋有两种直径时，用"＋"将两种直径的纵筋相连，注写时将角部纵筋写在前面。2Φ25＋2Φ22 表示梁支座上部有两种直径钢筋共 4 根，其中 2Φ25 放在角部，2Φ22 放在中部。

纵筋多于一排时，用"/"将各排纵筋自上而下分开。6Φ25 4/2 表示梁上部纵筋为两排，上一排纵筋为 4Φ25，下一排纵筋为 2Φ25。

梁中间支座两边的上部纵筋不同时，须在支座两边分别标注；如相同，可仅在支座的一边标注，另一边可省略不注。4Φ25 表示梁支座上部配置 4 根直径为 25 mm 的 HRB335 级钢筋。

（2）梁支座下部纵筋。纵筋多于一排时，用"/"将各排纵筋自上而下分开。6Φ25 2/4 表示梁下部纵筋为两排，上一排纵筋为 2Φ25，下一排纵筋为 4Φ25。

4Φ25 表示梁下部中间配置 4 根直径为 25 mm 的 HRB335 级钢筋。

ф8@100(2) 表示箍筋为 HPB300 级钢筋，直径为 8 mm，间距为 100，双肢箍。

读图时，当集中标注与原位标注不一致时，原位标注取值优先。

采用传统表示方法绘制的四个梁截面如图 8-19 所示。

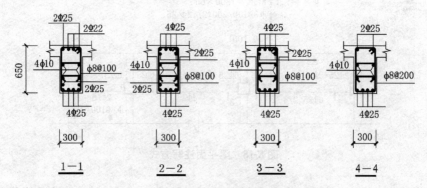

图 8-19　采用传统表示方法绘制的四个梁截面

(二)梁的截面注写方式

截面注写方式，是在梁的平面布置图上，分别在不同编号的梁中各选择一根梁用剖切符号引出截面配筋图，并在截面配筋图上注写截面尺寸和配筋的具体数值，如图 8-20 所示。

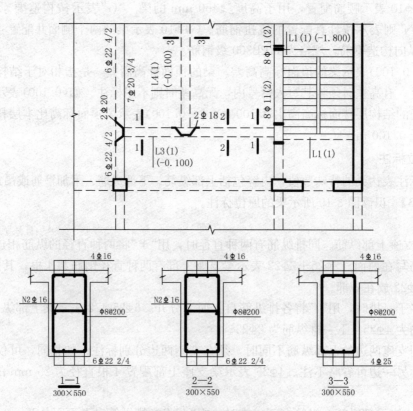

图 8-20　梁截面注写方式

截面注写方式与平面注写方式大同小异。梁的代号、各种数字符号的含义均相同，只是平面注写方式中的集中注写方式在截面注写方式中用截面图表示，截面图的绘制方法同常规方法一致。

图 8-21 所示为梁平法施工图，可自行阅读。

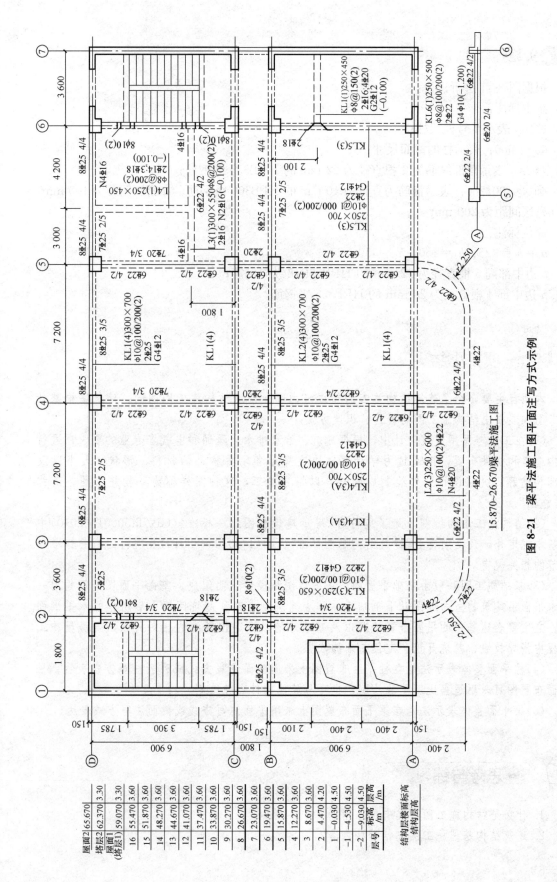

图 8-21 梁平法施工图平面注写方式示例

任务实施

根据图 8-11 进行识读：

集中标注：

KZ1：表示 1 号框架柱；

650×600：表示柱的截面尺寸；

4Φ22：表示角部纵筋为 4 根直径为 22 mm 的 HRB335 级钢筋；

Φ10@100/200：表示箍筋为直径为 10 mm 的 HPB300 级钢筋，加密区间距为 100 mm，非加密区间距为 200 mm。

原位标注：

$b_1=b_2=325$；$h_1=150$，$h_2=450$；

b 边中部配 5 根直径为 22 mm 的 HRB335 级纵向钢筋；

h 边中部 4 根直径为 20 mm 的 HRB335 级钢筋。

项目小结

本项目主要介绍了建筑结构施工的组成与内容、常用结构施工图图例、建筑结构基础施工图和混凝土结构施工图的表达、识读方法。

(1) 在工业与民用建筑设计中，根据建筑、给水排水、暖通和电气各专业的要求，进行结构选型和构件布置，再通过力学计算，决定房屋各承重构件的材料、形状、大小以及内部构造等，并将设计结果绘制成图样，以指导施工，这种图样称为结构施工图，简称"结施图"。

(2) 结构施工图的绘制，除了应符合《房屋建筑制图统一标准》(GB/T 50001—2010) 中的基本规定外，还必须符合《建筑结构制图标准》(GB/T 50105—2010) 及现行的有关标准和规范的相关规定。

(3) 基础施工图一般由基础平面图、基础详图和设计说明组成。基础平面图是假想用一个水平面沿建筑物室内地面以下剖切后，移去建筑物上部和基坑回填土后所作的水平剖面图。它主要表达基础的平面布置情况以及基础与墙、柱定位轴线的相对关系，是房屋施工过程中指导放线、基坑开挖、定位基础的依据。

(4) 柱平面整体表示法是在柱平面布置图上采用截面注写方式或列表注写方式表达。柱平面布置图可采用适当比例单独绘制，也可与其他构件合并绘制。

(5) 梁平面整体表示法是在梁平面布置图上采用平面注写方式或截面注写方式表达。

思考与练习

1. 什么是结构施工图？其有何作用？
2. 建筑结构基础施工图包括哪些内容？

3. 什么是桩基础？桩基础施工图主要表达哪些内容？
4. 什么是柱的列表注写方式？
5. 集中标注法表达梁的通用数值有哪些？

参考文献

[1] 中华人民共和国住房和城乡建设部. GB/T 50001—2010 房屋建筑制图统一标准[S]. 北京：中国计划出版社，2011.

[2] 中华人民共和国住房和城乡建设部. GB/T 50103—2010 总图制图标准[S]. 北京：中国计划出版社，2011.

[3] 中华人民共和国住房和城乡建设部. GB/T 50104—2010 建筑制图标准[S]. 北京：中国计划出版社，2012.

[4] 中华人民共和国住房和城乡建设部. GB/T 50105—2010 建筑结构制图标准[S]. 北京：中国建筑工业出版社，2011.

[5] 中国建筑标准设计研究院. 16G101-1 混凝土结构施工图平面整体表示方法制图规则和构造详图(现浇混凝土框架、剪力墙、梁、板)[S]. 北京：中国计划出版社，2016.

[6] 何斌，陈锦昌，陈炽坤. 建筑制图[M]. 5 版. 北京：高等教育出版社，2005.

[7] 何铭新，郎宝敏，陈星铭. 建筑工程制图[M]. 3 版. 北京：高等教育出版社，2004.

[8] 吴运华，高远. 建筑制图与识图[M]. 2 版. 武汉：武汉理工大学出版社，2004.

[9] 马光红，伍培. 建筑制图与识图[M]. 2 版. 北京：中国电力出版社，2008.

[10] 孙世青，等. 建筑制图[M]. 北京：中国科学出版社，2008.

目 录

项目一 建筑制图基础 ……………………………………………………………… 1

项目二 投影基本知识及点线面的投影 …………………………………………… 10

项目三 工程立体的投影 …………………………………………………………… 16

项目四 轴测投影 …………………………………………………………………… 42

项目五 剖面图和断面图 …………………………………………………………… 46

项目六 房屋建筑工程图的一般知识 ……………………………………………… 56

项目七 建筑施工图 ………………………………………………………………… 58

项目八 结构施工图 ………………………………………………………………… 69

项目一 建筑制图基础

1—1 工程字体练习。要求：书写汉字应横平竖直，注意起落，结构匀称，填满方格。

土木工程建筑制图识图设备安装书写计施院审
学校姓名学号结构梁板钢筋混凝土施理核专业
绘民寸注比例数字物面置线体各门业平勋法区

1-2 工程字体练习。

ABCDEFGHIJKLMNOPQRSTUVWXYZ

abcdefghijklmnopqrstuvwxyz

1234567890

1—3 图线练习。

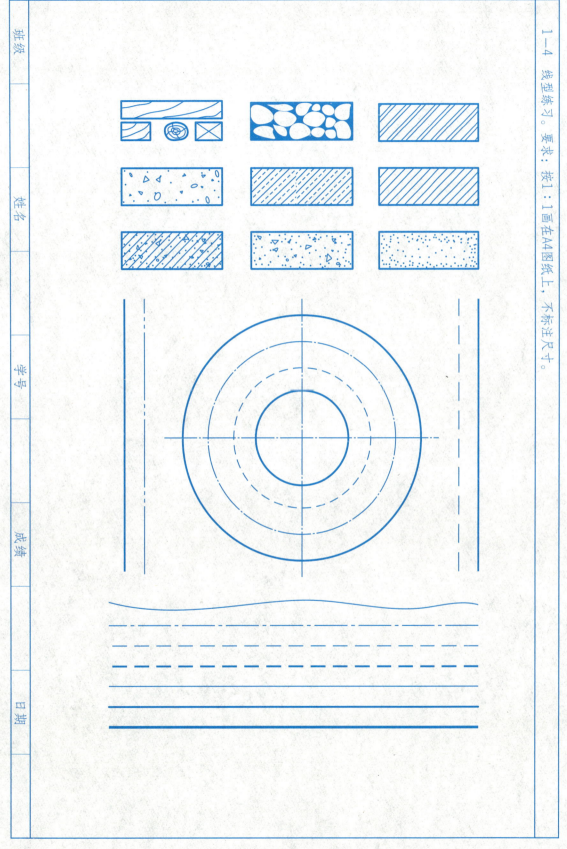

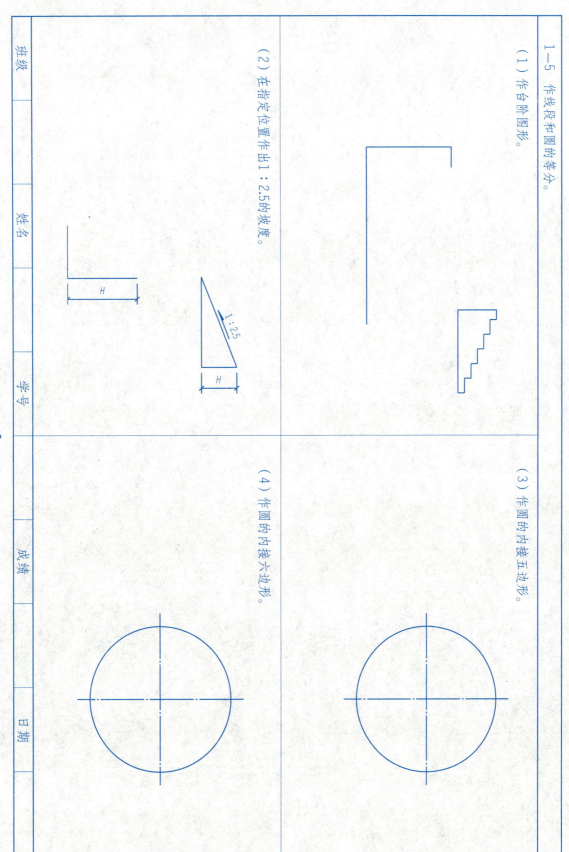

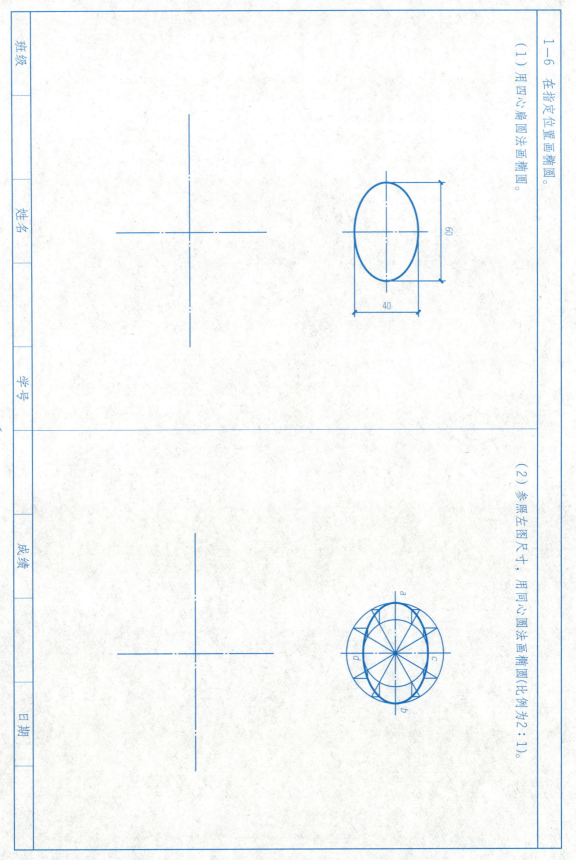

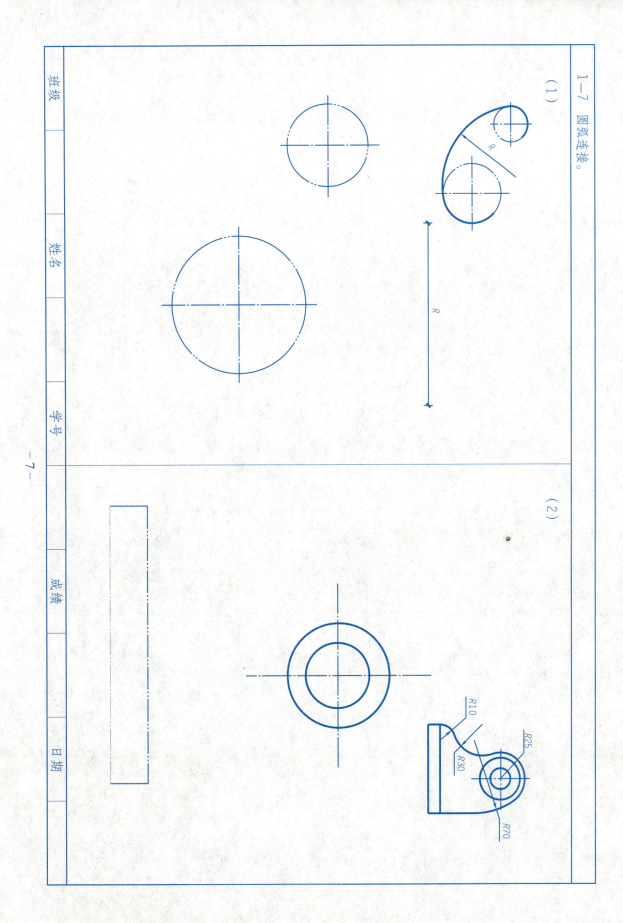

1-9 下列图形是按照1:10比例绘制的,度量后标注尺寸(准确到mm)。

1-10 找出图形中错误的尺寸标注,并改正。

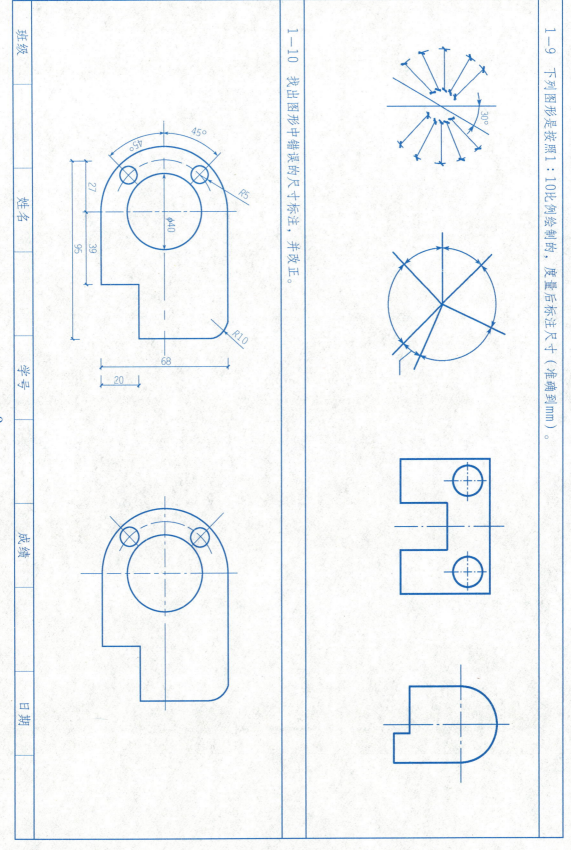

项目二 投影基本知识及点线面的投影

2-1 点的投影

（1）已知点的投影 $A(30, 10, 15)$、$B(0, 20, 10)$、$C(10, 0, 25)$、$D(0, 0, 20)$，求作它们的三面投影图。

（2）已知各点的两面投影，求作其第三面投影。

（3）已知点B在点A的左方15 mm，下方20 mm，后方15 mm，点C在点A的正后方10 mm，求作各点的三面投影。

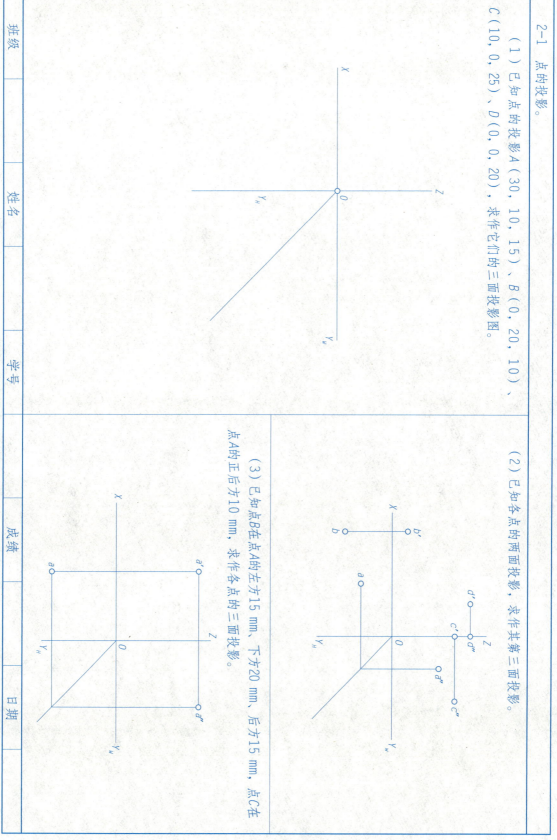

2-1 点的投影。

(4) 判别下列各点对重影点的相对位置（填空）。

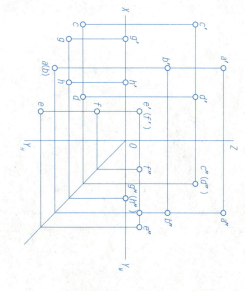

① A、B 两点关于 _____ 面重影，且 A 点在 B 点的正 _____ 方 _____ mm。
② C、D 两点关于 _____ 面重影，且 C 点在 D 点的正 _____ 方 _____ mm。
③ E、F 两点关于 _____ 面重影，且 E 点在 F 点的正 _____ 方 _____ mm。
④ G、H 两点关于 _____ 面重影，且 G 点在 H 点的正 _____ 方 _____ mm，且该两点均在 _____ 面上。

(5) 已知点 B 到点 A 的距离为 20 mm，点 C 距离 H 面为 30 mm，点 D 在点 A 的下方 30 mm，右方 15 mm，且点 D 与点 A 到 V 面的距离相等，求作各点的三面投影。

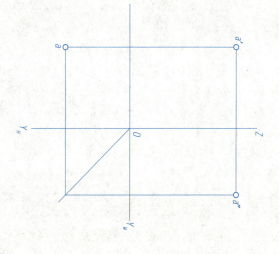

2-2 直线的投影。

（1）求出下列各直线的第三面投影，并判断它们相对于投影面的位置。

①
AB为_____线

②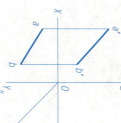
AB为_____线

③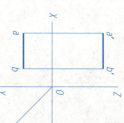
AB为_____线

④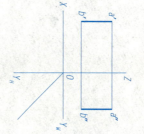
AB为_____线

⑤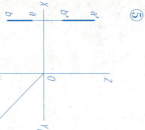
AB为_____线

⑥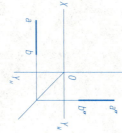
AB为_____线

⑦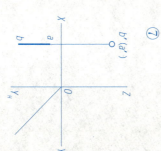
AB为_____线

⑧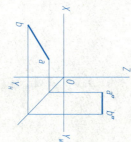
AB为_____线

2-2 直线的投影。

(2) 作出直线 AB、CD 的三面投影：① 已知点 A 距离 V 面为 15 mm；② CD 为铅垂线，长度为 10 mm。

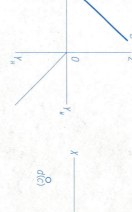

(3) 已知一般位置直线 AB 的两面投影 ab 和 a'b'，求作 AB 直线的实长和倾角 α。

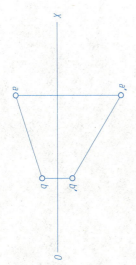

(4) 已知正平线 AB 长度为 20 mm，与 H 面的倾角 α =30°，点 A 在点 B 的左方，并且位于 H 投影面上，求作直线 AB 的三面投影。

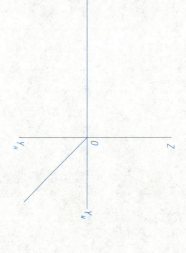

2-3 平面的投影。

(1) 在下列形体的三面投影图上注全轴测图上所示各平面的三面投影（如P平面的投影分别为p、p'、p"），并填空。

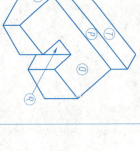

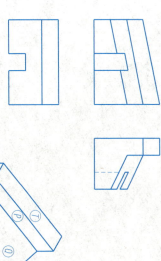

平面P是_____面；
平面Q是_____面；
平面R是_____面；
平面S是_____面；
平面T是_____面。

(2) 根据立体的轴测图和对应的三面投影图，用小写字母在投影图上标全各点、各平面的三面投影（如点C的投影c、c'、c"和面P的投影p、p'、p"），并填空。

直线AB是_____线；
直线AC是_____线；
直线BD是_____线；
直线AE是_____线；
直线BF是_____线；
直线GH是_____线；
平面P是_____面；平面Q是_____面；
平面S是_____面；平面T是_____面。

2-3 平面的投影

(3) 试补出下列平面的第三面投影，并判断平面与投影面的相对位置。

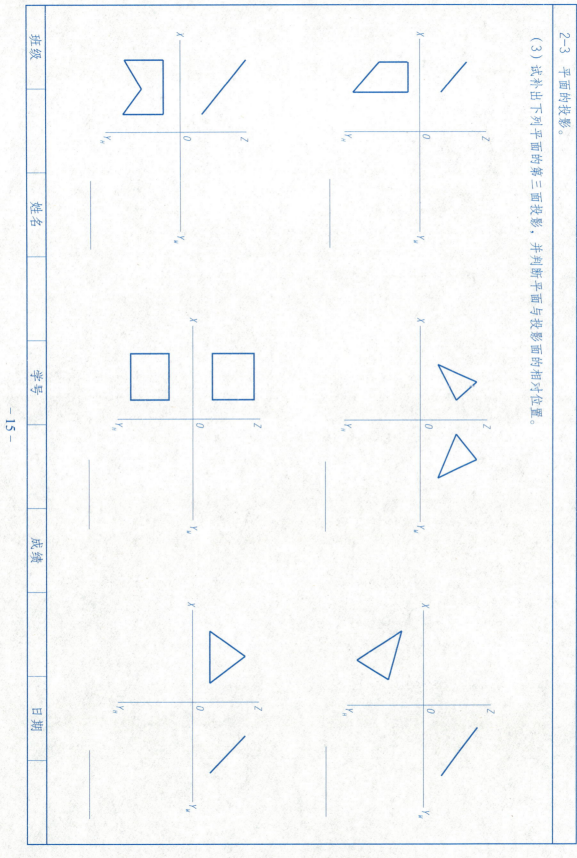

项目三 工程立体的投影

3-1 已知正三棱柱的H面投影，高为25mm，请完成其三面投影。

3-2 已知正四棱锥的H面投影，高为25mm，请完成其三面投影。

3-3 已知三棱柱的两面投影及其表面上点 A、B、C 的一个投影，请完成三棱柱和点的三面投影。

3-4 画出六棱柱的侧面投影，并补全棱柱表面上 A、B、C、D 各点的其他投影。

3-5 画出三棱锥的侧面投影,并补全棱锥表面上直线AB、BC的其他投影。

3-6 求六棱柱被截切后的侧面投影和截断面的实形。

3-7 已知带缺口四棱台的V面、W面投影，求它的H面投影。

3-8 求三棱锥被截切后的水平和侧面投影。

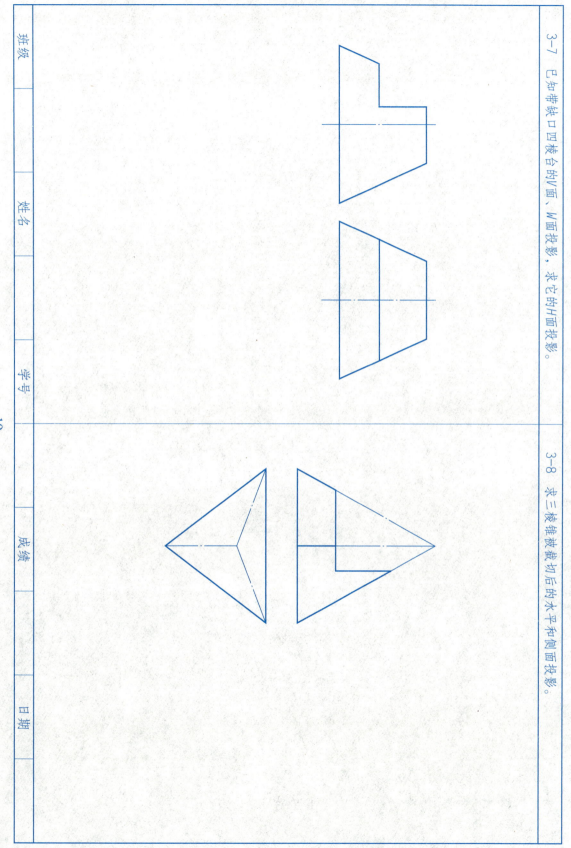

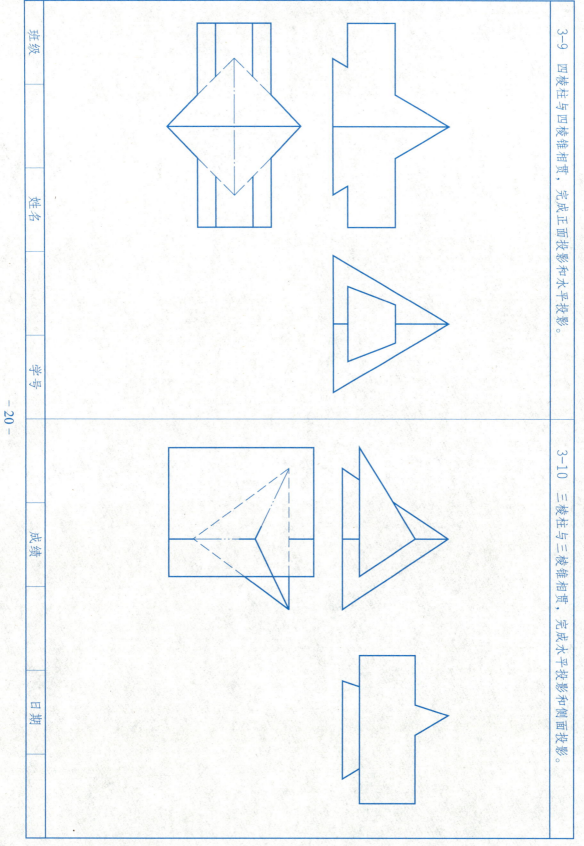

3-11 已知正垂圆的V面投影，求它的H面投影。

3-12 已知圆柱螺旋线（右旋）的导圆与导程，求作其投影图。

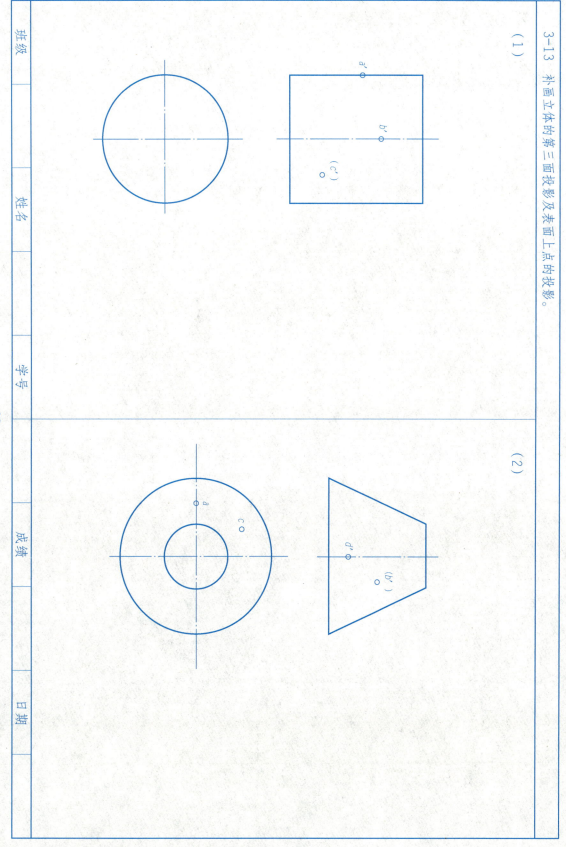

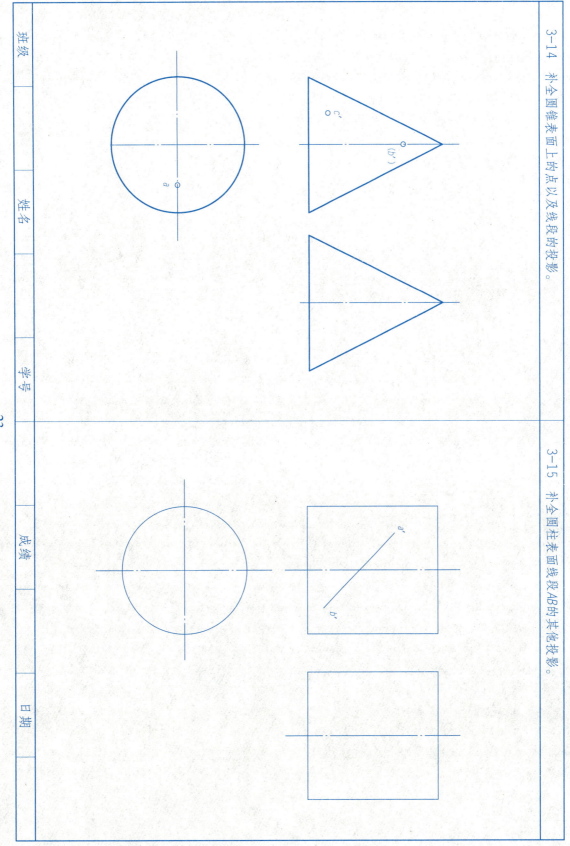

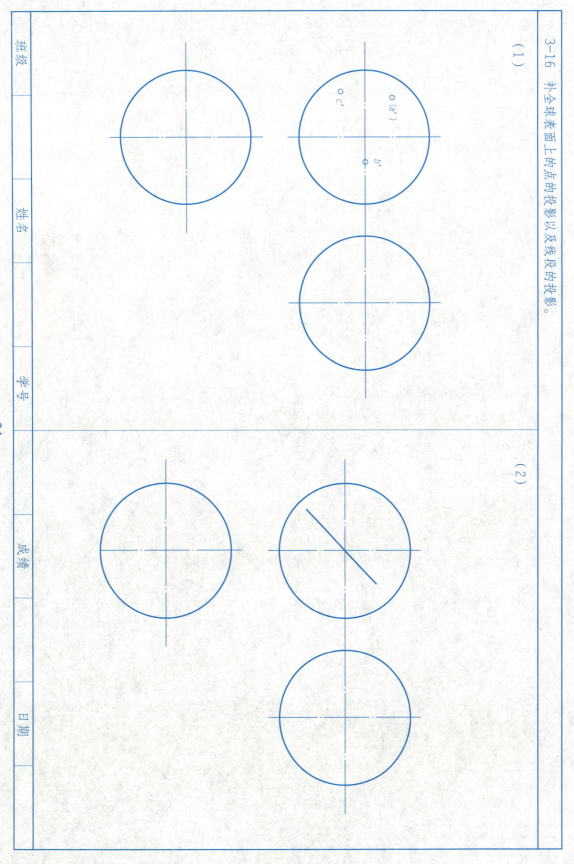

3-19 求圆柱被正垂面截切后的水平投影。

3-20 求截切后圆柱的第三面投影。

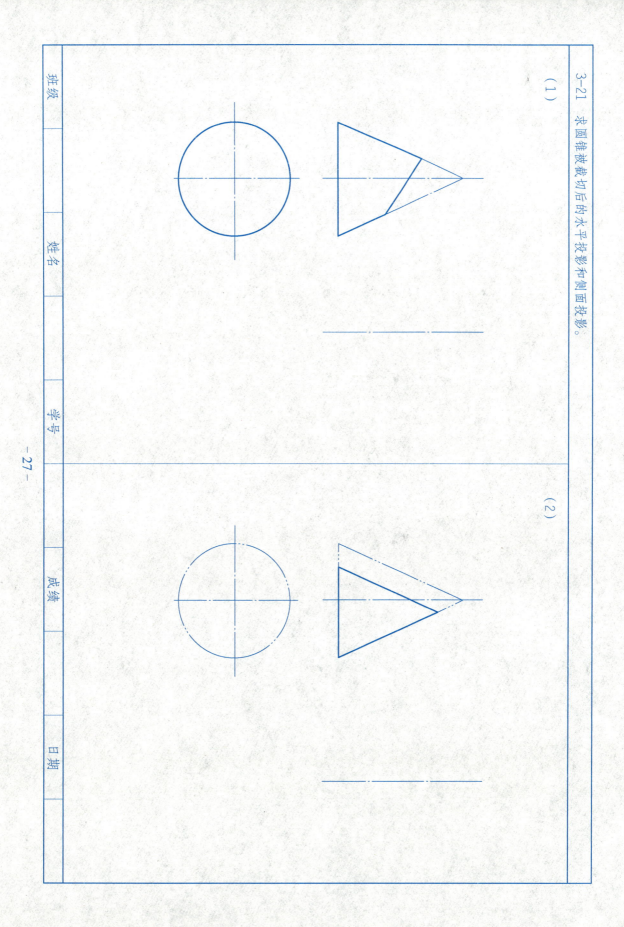

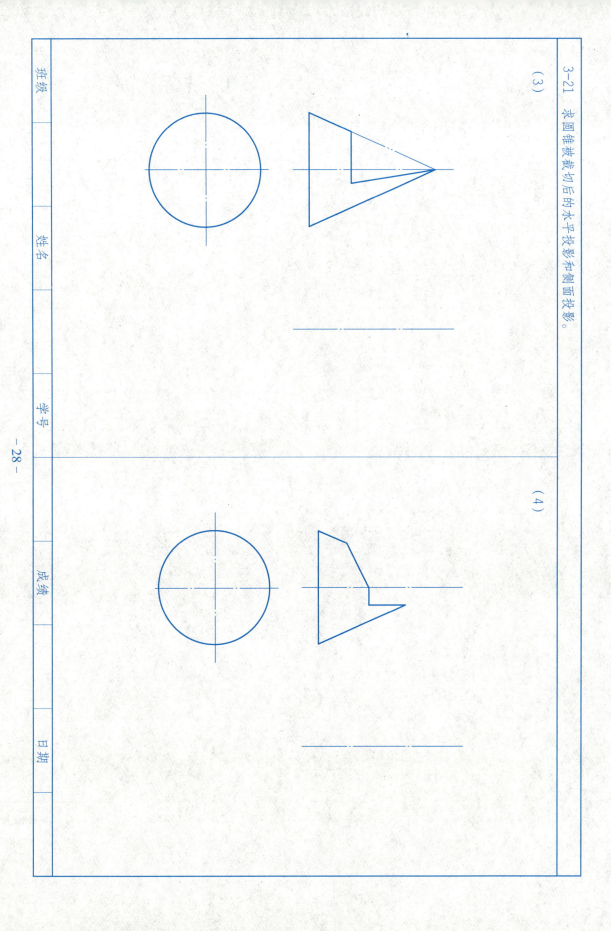

3-22 已知有缺口的圆锥的正面投影，完成其他两面投影。

3-23 已知球被截切后的V面投影，完成H面和W面投影。

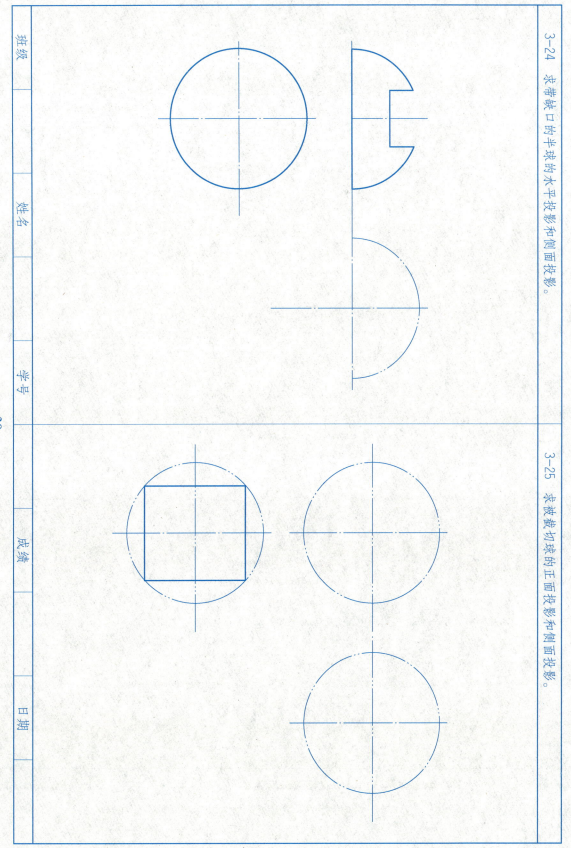

3-26 补画球体被截切后的其他面投影。

3-27 求直线对圆柱的贯穿点。

3-28 已知直线与圆锥相交，求直线的贯穿点。

3-29 根据轴测图，画出物体的三面正投影图（箭头所指方向为正面投影的投射方向）。

(1)

(2)

3-29 根据轴测图，画出物体的三面正投影图（箭头所指方向为正面投影的投射方向）。

(3)

(4)

3-29 根据轴测图，画出物体的三面正投影图（箭头所指方向为正面投影的投射方向）。

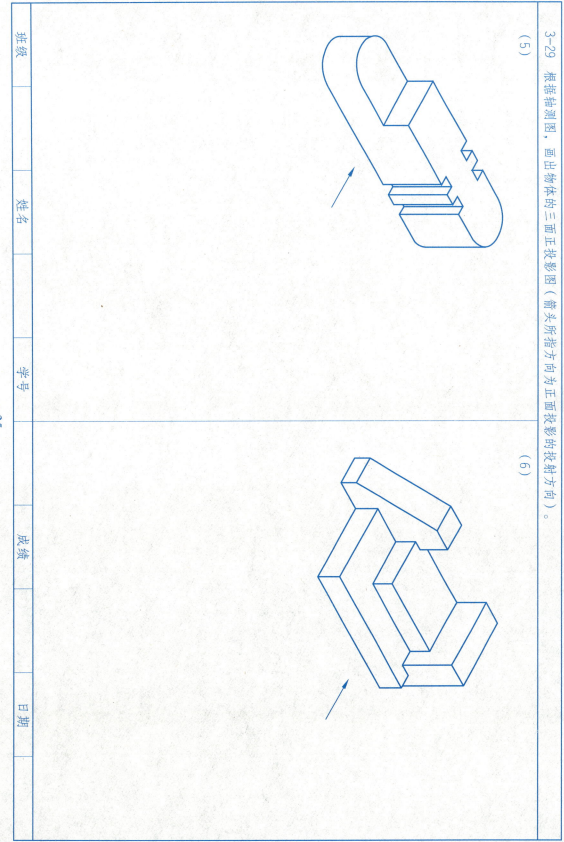

3-30 补绘下列形体的第三面投影。

(1)

(2)

(3)

(4)

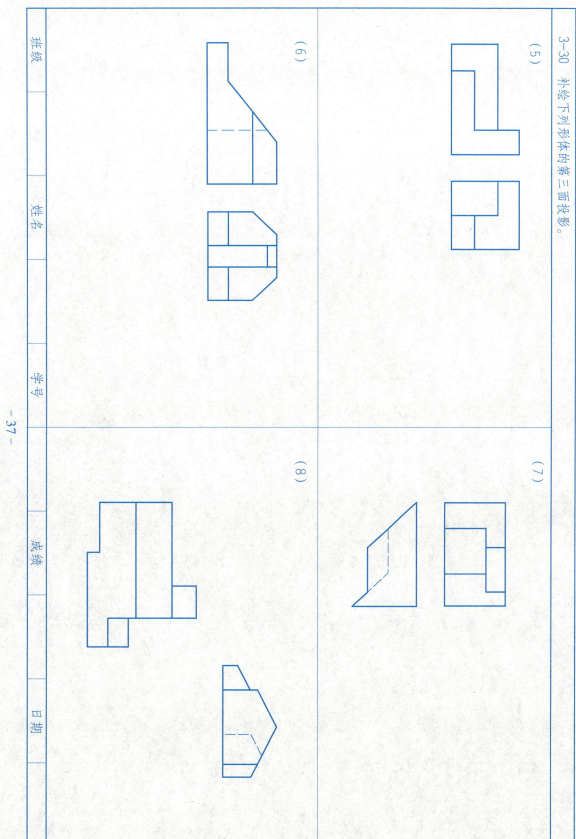

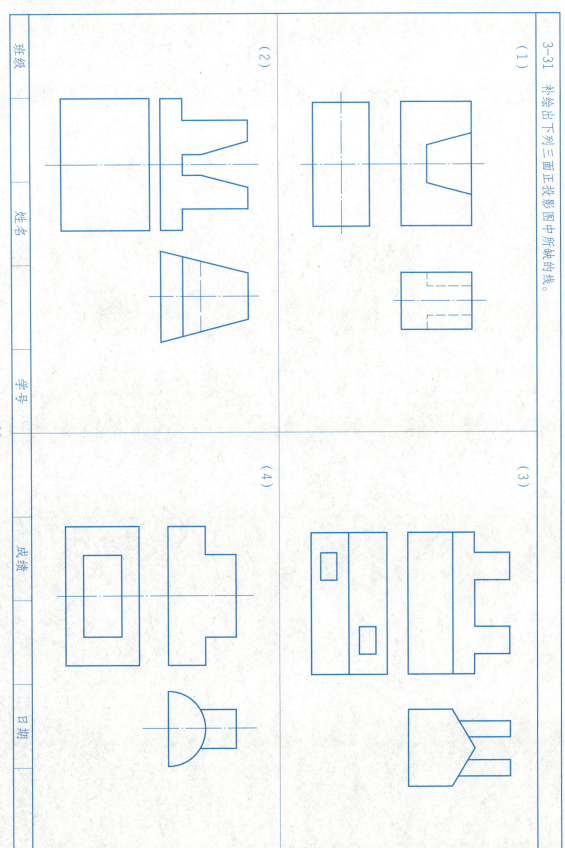

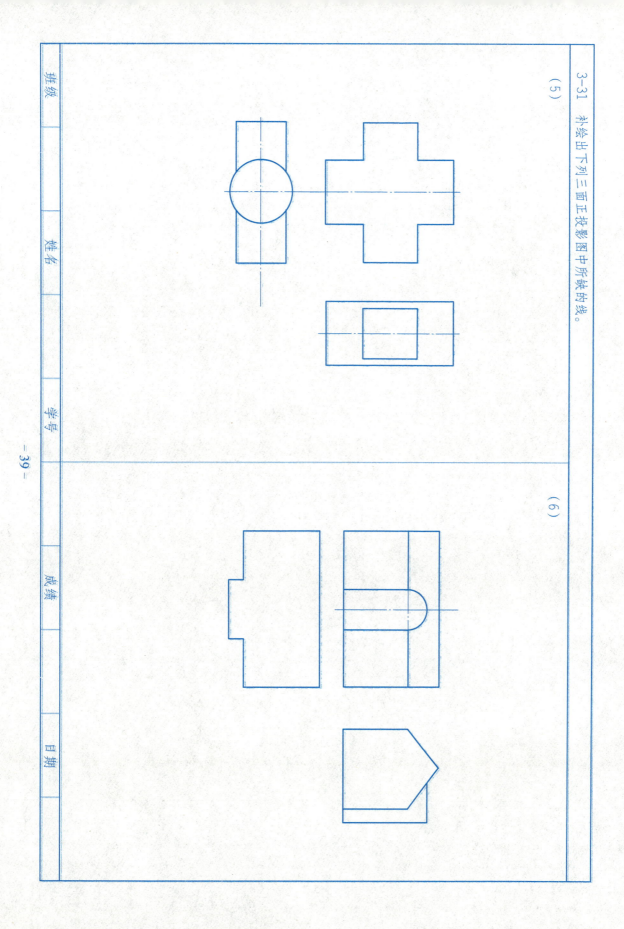

3-32 根据给定的两面投影，想象出不同形状的物体，并分别绘制出它们的第三面投影。

(1)

(2)

(3)

(4)

(5)

(6)

3-33 已知组合体的两面投影，完成第三面投影。

(1)

(2)

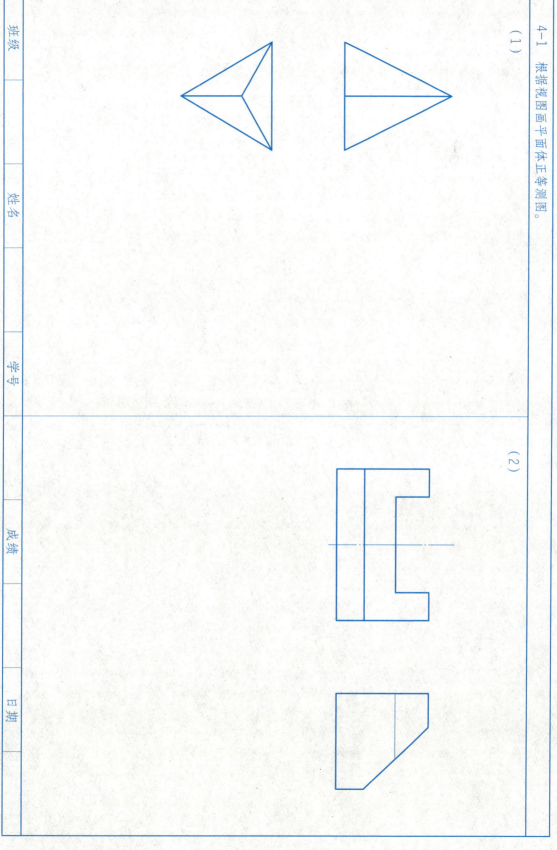

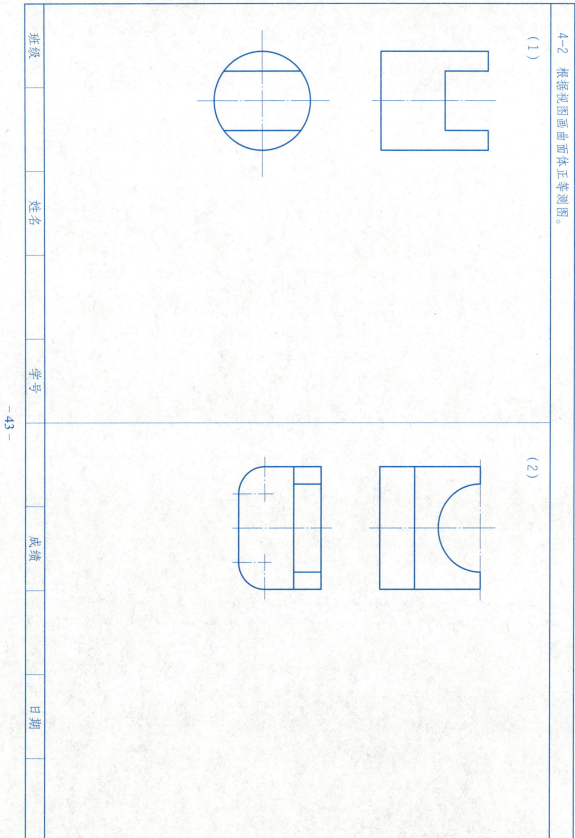

4-3 根据视图画平面体斜二测图。

(1)

(2)

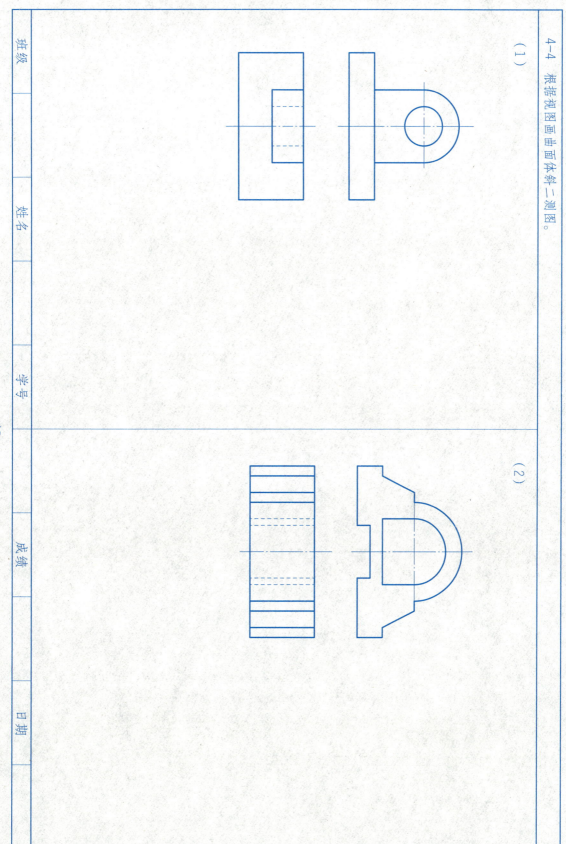

项目五 剖面图和断面图

5—1 看懂结构将主视图画成全剖视图。

5-3 画出形体的1—1剖面图。

5-4 画出形体的1—1剖面图。

5—5 作形体的 a—a 剖面图。

a—a剖面

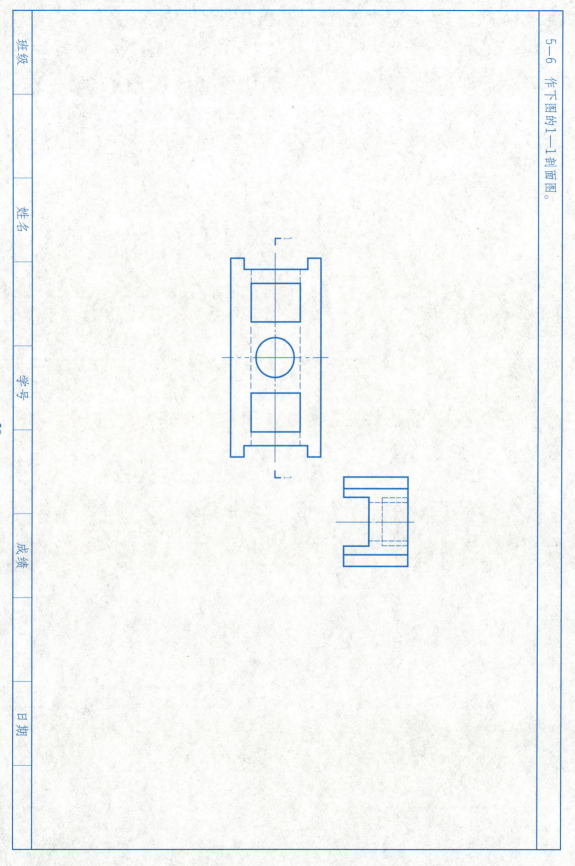

5—7 作下图的1—1、2—2剖面图。

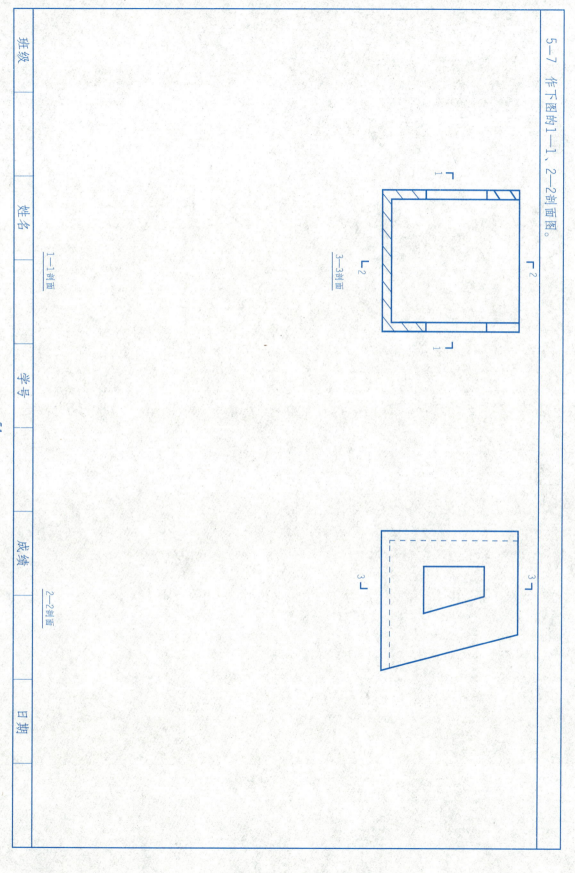

3—3剖面

1—1剖面

2—2剖面

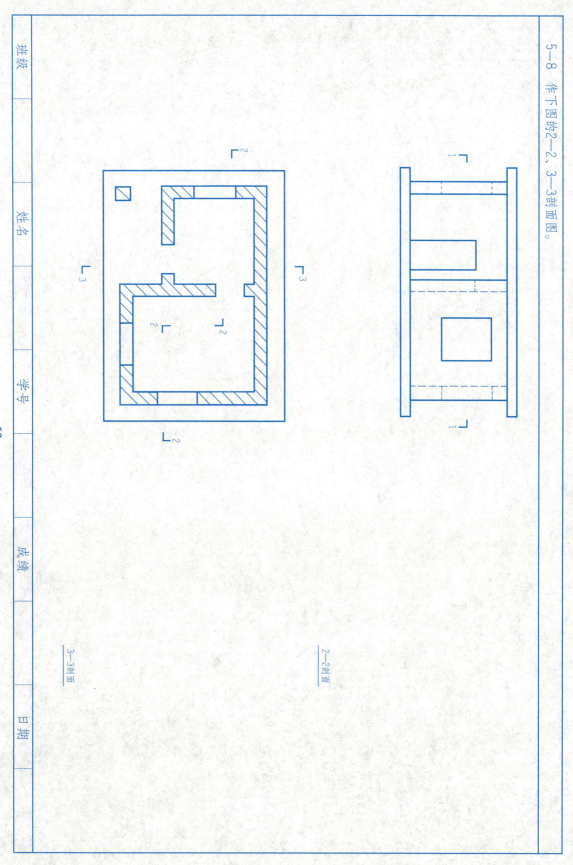

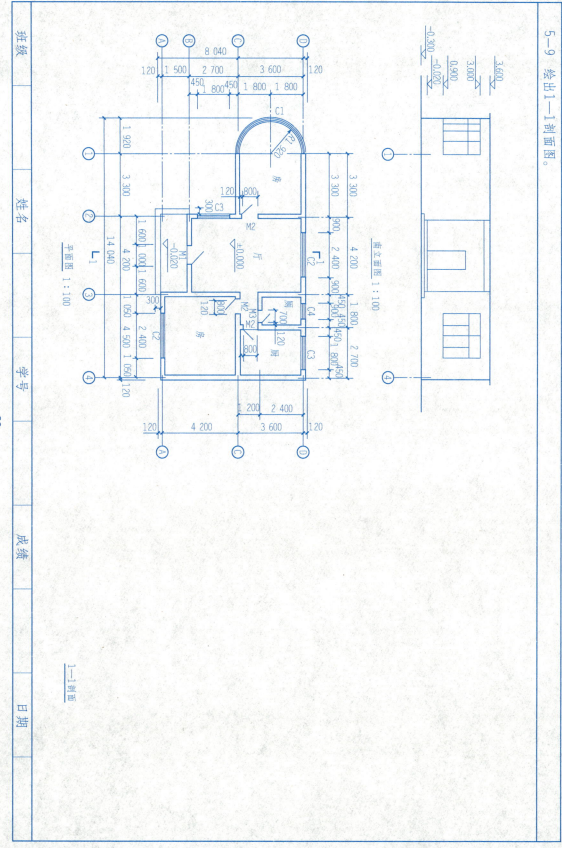

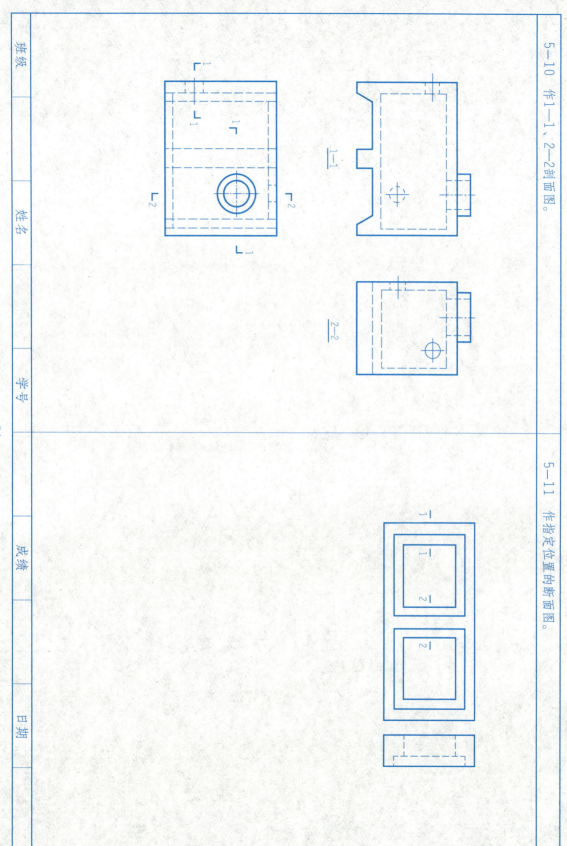

5—10 作1—1、2—2剖面图。

5—11 作指定位置的断面图。

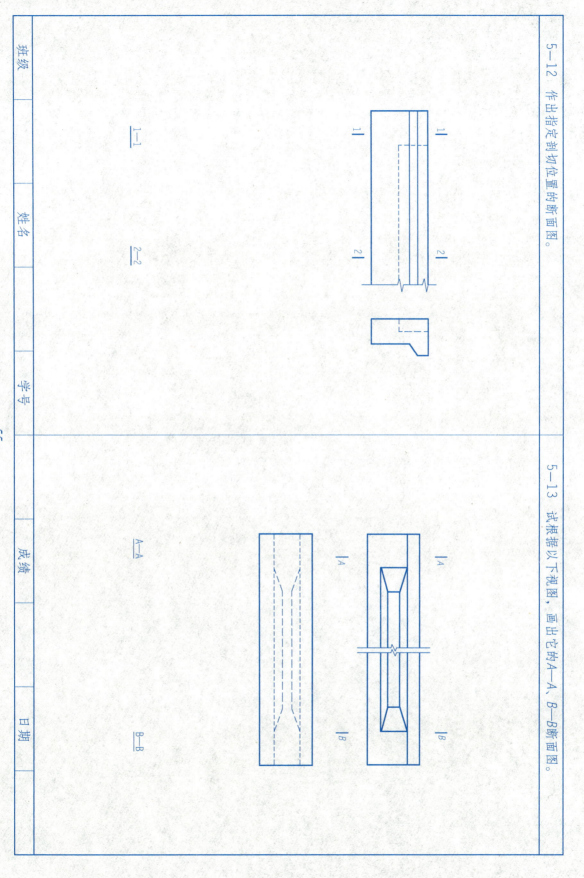

项目六　房屋建筑工程图的一般知识

6-1　简答题。

1. 一般民用建筑由哪几大部分组成？它们的作用分别是什么？
2. 整套房屋建筑工程施工图由哪几部分组成？建筑施工图有哪些？结构施工图的图样有哪些？它们的编排顺序是怎样的？
3. 建筑施工图常用哪几种比例？比例的大小是什么含义？1:100和1:200哪个比例大？
4. 什么是定位轴线，附加定位轴线？它们如何标注？
5. 索引符号和详图符号的意义是什么？

6-2　填空题。

1. 标高应以米为单位，_____ 标高是以青岛附近黄海平均海平面为零点。_____ 标高是构件的_____ 的标高；_____ 标高是构件装修完成后的标高，不包括粉刷层在内的毛面标高。
2. 总平面图一般采用 _____ 的比例，建筑物的平面图、立面图一般采用 _____ 和 _____ 的比例。
3. 指北针一般会出现在 _____ 图中，指北针圆的直径宜为 _____ mm，指北针尾部的宽度宜为 _____ mm。
4. 定位轴线端部的圆宜用 _____ 线绘制，圆的直径一般为 _____ mm；详图符号圆的直径一般为 _____ mm；索引符号宜用 _____ 线绘制，圆的直径一般为 _____ mm。
5. 制图标准规定，平面图定位轴线的编号，宜标注在下方及左侧，横向编号宜用 _____ 从 _____ 向 _____ 顺序编排，竖向编号宜用 _____ 从 _____ 向 _____ 顺序编排。

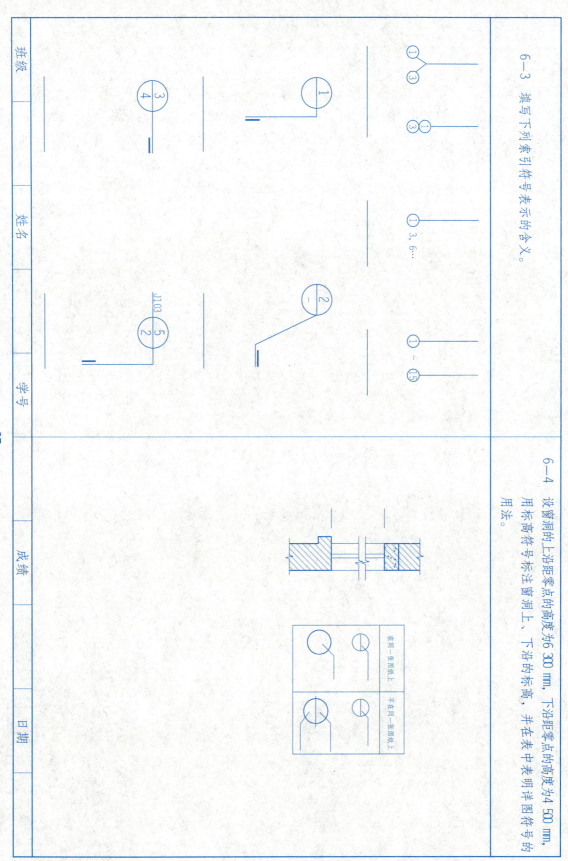

项目七 建筑施工图

7-1 读建筑平面图并填空。

1. 阅读右侧一层平面图可知，本宿舍楼一层有_____间宿舍，总长为_____mm，总宽为_____mm，建筑朝向为_____。

2. 由图可知：一层楼地面的标高为_____m，室外地坪标高为_____m，卫生间的标高为_____m，室内外高差为_____m。

3. 本图中横向轴线有_____条，纵向轴线有_____条，卫生间的开间尺寸为_____mm，楼道进深定为_____mm，外墙厚为_____mm，楼道进深定为_____mm。

4. 由图可知：宿舍门的代号为_____，要进入我们需要进入宿舍_____条，要进入卫生间要通过_____间的名称是_____。

5. 1—1剖面符号表示建筑物被剖开后，剖面图的视图方向为_____。

6. 阅读标准层平面图可知，本建筑共有_____层，层高为_____m。

一层平面图 1:100

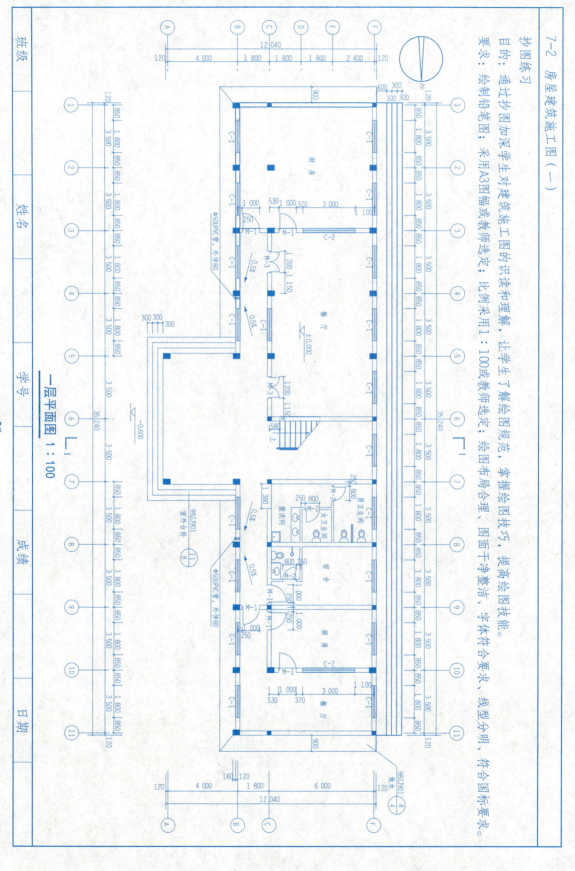

7-3 房屋建筑施工图（二）

二层平面图 1:100

7-4 房屋建筑施工图（三）

三层平面图 1:100

7-5 房屋建筑施工图（四）

四层平面图 1:100

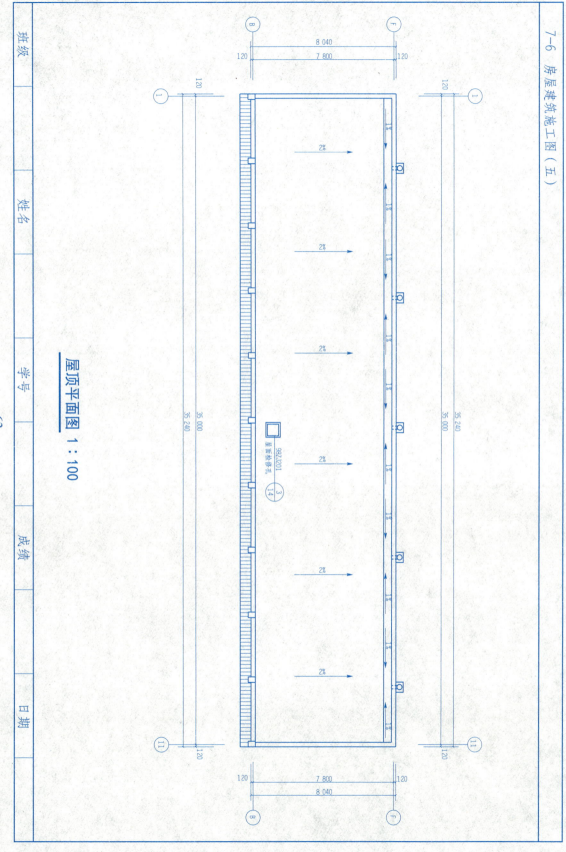

屋顶平面图 1:100

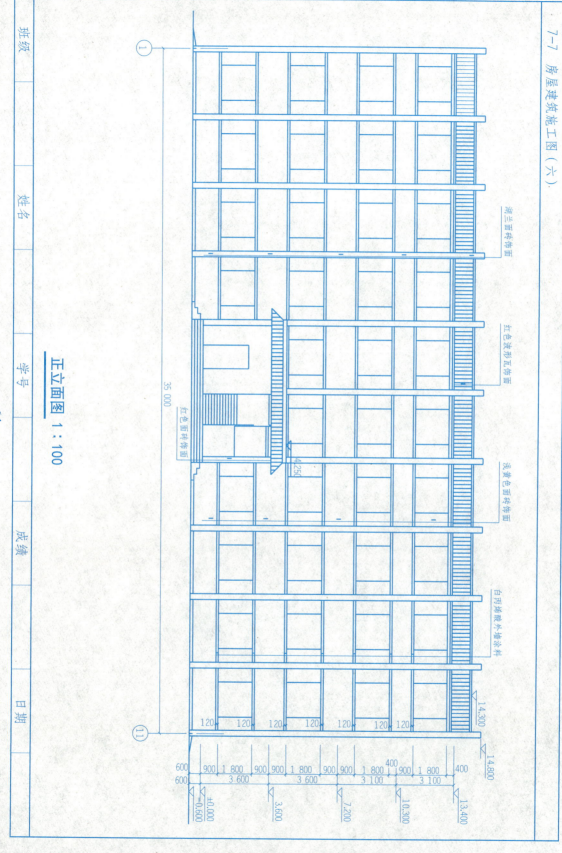

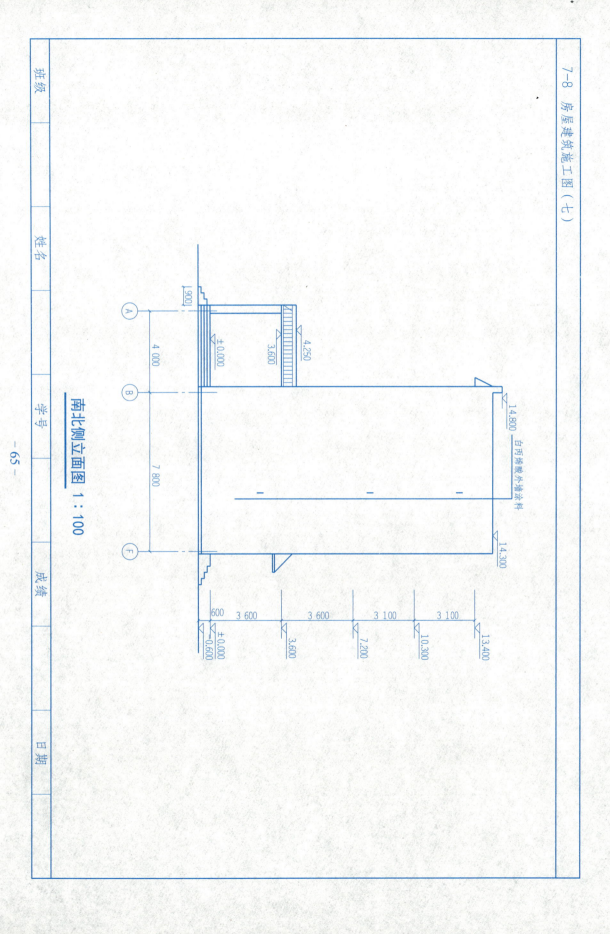

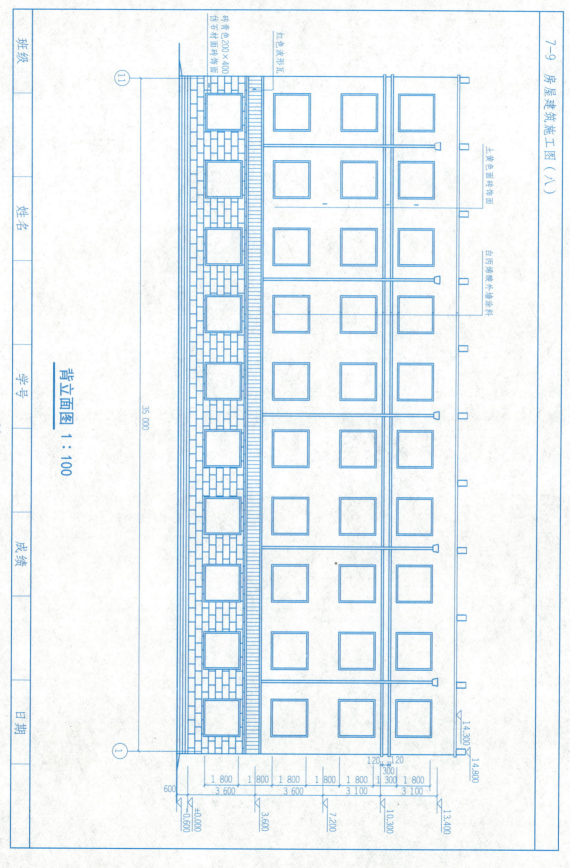

背立面图 1：100

7-10 房屋建筑施工图（九）

1—1剖面图 1:100

7-11 房屋建筑施工图（十）

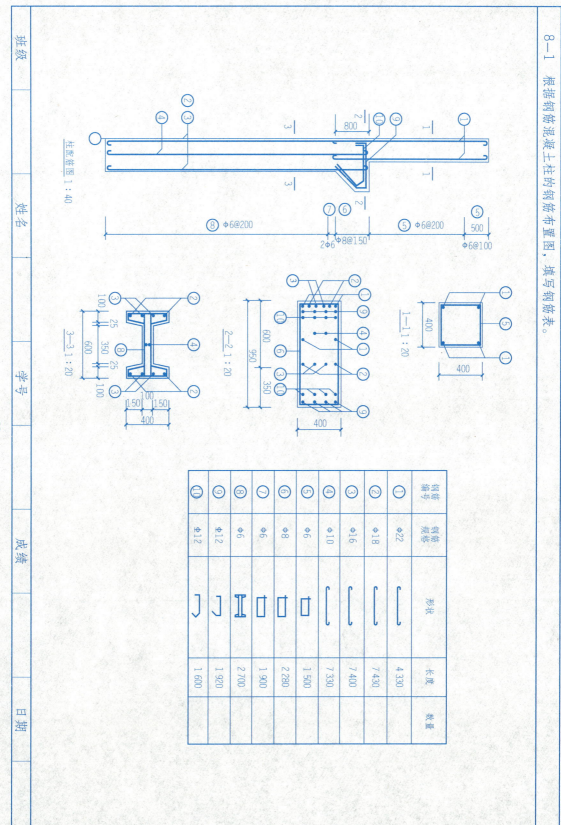

8-2 根据梁配筋图及截面图，按1:40比例画出①~④号钢筋，并标注长度及数量。

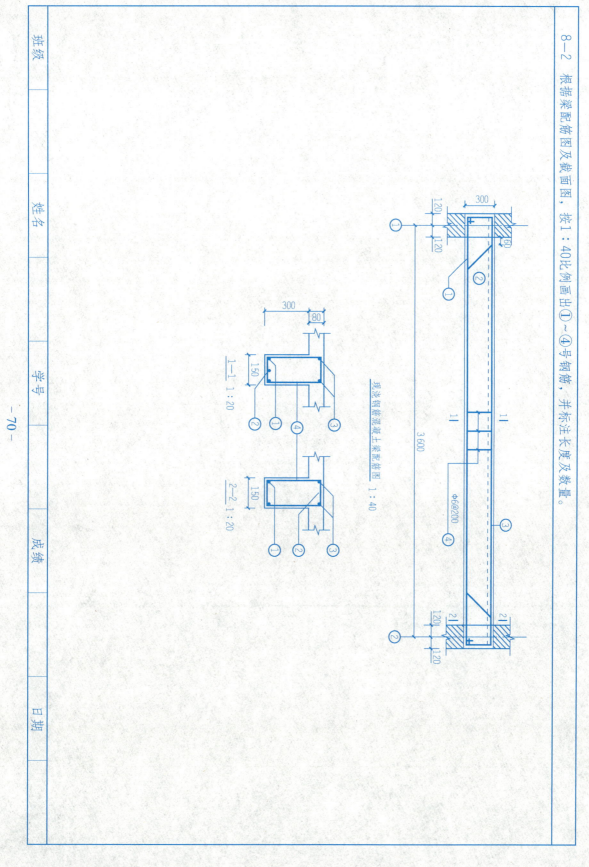

8-3 房屋结构施工图（一）

抄图练习

目的：通过抄图加深学生对建筑结构施工图的识读和理解，让学生了解绘图规范，掌握绘图技巧，提高绘图技能。

要求：绘制或铅笔图；采用A3图幅或教师选定比例采用1：100或教师选定；绘图布局合理，图面干净整洁，字体符合要求，线型分明，符合国家标准要求。

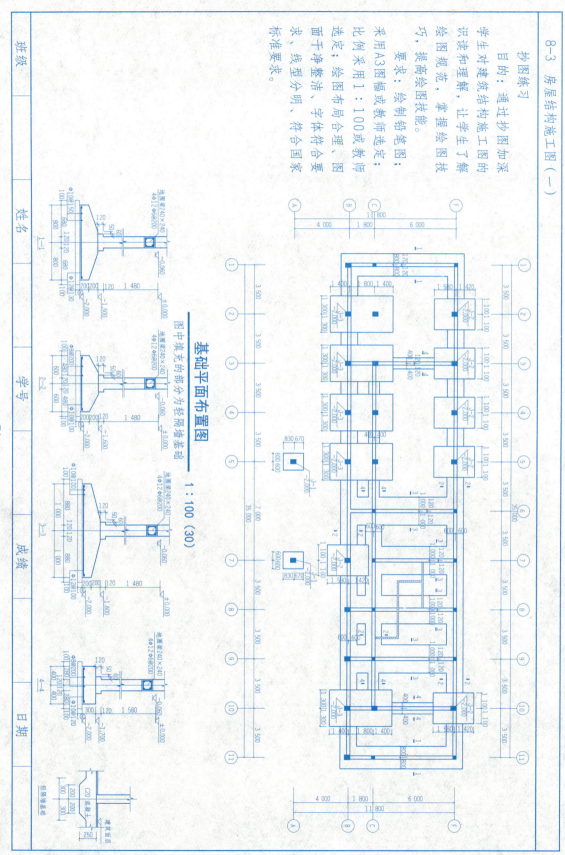

基础平面布置图 1：100 (30)

图中灌充的部分为轻隔墙基础

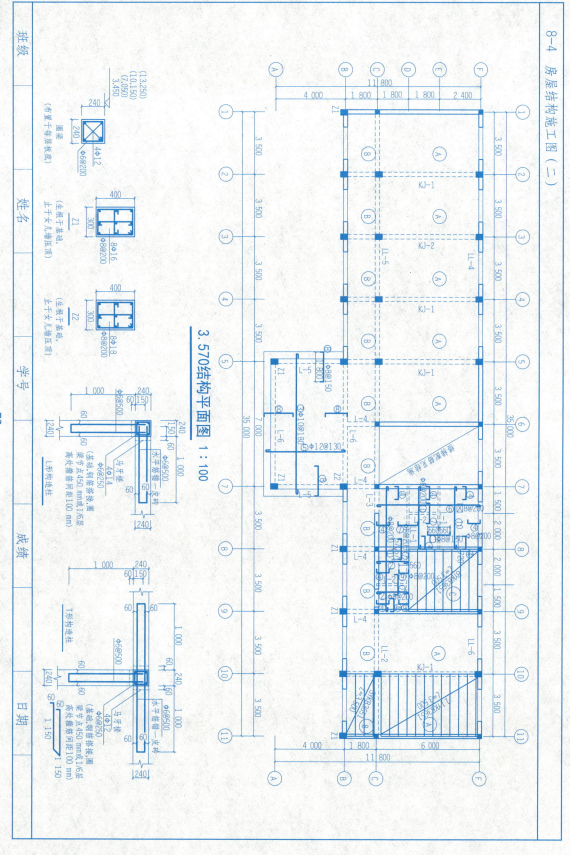

8-5 房屋结构施工图（三）

8-6 房屋结构施工图（四）

8—7 钢筋混凝土构件平面整体表示方法

已知多跨梁的平面布置图，绘制1—1和2—2断面图（板厚为100mm）。

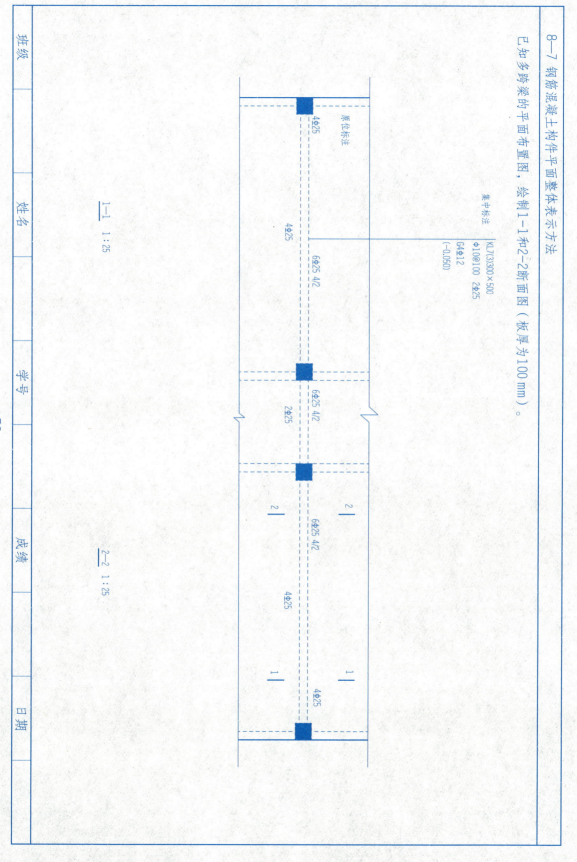